D1749450

Statistik-Programme in BASIC

Von

Dr. Bernd Leiner

Professor für Statistik
an der
Universität Heidelberg

R. Oldenbourg Verlag München Wien

CIP-Titelaufnahme der Deutschen Bibliothek

Leiner, Bernd:
Statistik-Programme in BASIC / von Bernd Leiner. – München
; Wien : Oldenbourg, 1988
ISBN 3-486-20835-7

© 1988 R. Oldenbourg Verlag GmbH, München

Das Werk einschließlich aller Abbildungen ist urheberrechtlich geschützt. Jede Verwertung außerhalb der Grenzen des Urheberrechtsgesetzes ist ohne Zustimmung des Verlages unzulässig und strafbar. Das gilt insbesondere für Vervielfältigungen, Übersetzungen, Mikroverfilmungen und die Einspeicherung und Bearbeitung in elektronischen Systemen.

Gesamtherstellung: R. Oldenbourg Graphische Betriebe GmbH, München

ISBN 3-486-20835-7

Inhaltsverzeichnis

Vorwort VII

I. Wahrscheinlichkeitsrechnung 1

PROGRAMM 1: Simulation von Münzwürfen 1
PROGRAMM 2: Binomialverteilung 5
PROGRAMM 3: Poissonverteilung 9
PROGRAMM 4: Geometrische Verteilung 12
PROGRAMM 5: Hypergeometrische Verteilung 16
PROGRAMM 6: Negative Binomialverteilung 20
PROGRAMM 7: Pólya-Verteilung 24
PROGRAMM 8: Polynomialverteilung 29
PROGRAMM 9: Polyhypergeometrische Verteilung 35
PROGRAMM 10: Normalverteilung 42
PROGRAMM 11: t-Verteilung 46
PROGRAMM 12: χ^2-Verteilung 52
PROGRAMM 13: Momente einer Zufallsvariablen 56
PROGRAMM 14: Gruppierte Daten 60
PROGRAMM 15: Geburtstagsproblem 66

II. Stichprobentechnik 71

PROGRAMM 16: Systematische Auswahl 71
PROGRAMM 17: Bestimmung des Stichprobenumfangs der Zufallsauswahl .. 74
PROGRAMM 18: Zufallszahlen 80
PROGRAMM 19: Zufallsauswahl 82
PROGRAMM 20: Geschichtete Stichproben 86
PROGRAMM 21: Verhältnisschätzungen 91
PROGRAMM 22: Regressionsschätzung 97

III. Zeitreihenanalyse 103

PROGRAMM 23: Polynomiale Trendbereinigung 103
PROGRAMM 24: Gleitende Mittel für ein Trendpolynom 3. Grades 113
PROGRAMM 25: Autokorrelation 118
PROGRAMM 26: Partielle Autokorrelationen 123
PROGRAMM 27: Transferfunktion für Differenzenfilter 128

IV. Schätzen und Testen 138

PROGRAMM 28: Schätzung einer linearen Regression 138
PROGRAMM 29: t-Test für die Abweichung zweier Mittelwerte 143
PROGRAMM 30: Varianztest 147

Literaturverzeichnis 151

Vorwort

„Was treibt einen Statistiker dazu, ein Buch für PC-Benutzer zu schreiben?". Diese Frage stellte sich mir, als ich das Buch von meinem Kollegen Werner Voß vor drei Jahren in der Hand hielt. Die Antwort „Für seine Tochter" trifft für ihn ebensowenig zu wie in meinem Falle „Für seine Söhne Richard und Bastian, damit sie frühzeitig an den sinnvollen Umgang mit dem Computer gewöhnt werden". Der Adressatenkreis ist schon ein wenig größer. Er beginnt mit den Schülern an Gymnasien, wie die Bücher von Herrmann (1984) beweisen, die sich mit den Themenkreisen Mathematik, Informatik und Statistik auseinandersetzen. Aus meiner Sicht kann ich bestätigen, daß Studienanfänger – nicht nur wenn sie stolze Besitzer eines PC's sind – den Stellenwert der Informatik voll erkennen. Viele Fortgeschrittene, die sich kurz vor dem Examen Gedanken um ihre weitere Zukunft machen, besuchen sicherheitshalber noch Informatikveranstaltungen, auch wenn sie bereits ein anderes Wahlfach ausgesucht haben. Diskussionen mit denen, die mit beiden Beinen in der Praxis stehen, befassen sich in den meisten Fällen mit der Neuanschaffung von PC's und den damit verbundenen software-Problemen. Ihnen allen möchte ich mit diesem Buch Denkanstöße vermitteln, wenn sie sich für den Bereich Statistik/Informatik interessieren.

Zu diesem Zweck wurden die Computerprogramme zunächt in BASIC als einer der einfachsten und verbreitetsten Computersprachen geschrieben. Eine erste Version beruhte zum Teil auf eigenen FORTRAN-Programmen, die ich für meinen privaten Commodore 128 in BASIC umschrieb, zum anderen entwickelte ich eigens für den Lehrbetrieb spezielle BASIC-Programme.

Für professionelle Anwendugnen wurde die hier präsentierte Version auf einem Commodore PC40 in GWBASIC mit dem Betriebssystem MS-DOS 3.2 von Microsoft geschrieben. Die 1,2 MB-Diskette enthielt die 30 Computerprogramme, die in GWBASIC mit den entsprechenden load-Befehlen in Laufwerk a geladen werden können.

Für den Commodore PC20 wurden die 30 Computerprogramme auf eine 360KB-Diskette gespeichert, da die 1,2 MB-Diskette hier nicht geladen werden konnte. Besitzer eines Commodore PC20 bzw. PC40 können daher beim Autor diese 360KB-Diskette bestellen (Im Hirschmorgen 42, 6906 Leimen).

Damit auch Besitzer anderer Geräte, für die ein Laden dieser Disketten nicht möglich ist, diese Computerprogramme verwenden können, wurde folgendes Vorgehen einheitlich für alle Programme gewählt:

Nach der Ladeanweisung wird die Aufgabe des Programms kurz beschrieben. Eine oder mehrere Literaturangaben bieten die Möglichkeit, weitere Informationen zu den Programmen einzuholen. Der interessierte Leser findet mehr Hintergrundwissen, das in diesem Buch nicht ausgebreitet werden konnte, in meinen im R. Oldenbourg-Verlag erschienenen Büchern (Leiner (1985), (1986), (1988)). Es folgt der Ausdruck des Programms mit der Programmbeschreibung. Zu jedem Programm gibt es mindestens ein Programmbeispiel. Auch bei der Auswahl der Beispiele habe ich vorrangig auf Beispiele meiner Lehrveranstaltungen zurückgegriffen, die sich ebenfalls in meinen Büchern finden. Neben Anweisungen zum Aktivieren dieser Beispiele findet der interessierte Leser unter „Variationen" Anregungen und Hinweise für eigene Entwicklungen. Den Abschluß bildet jeweils der Ausdruck der Programmbeispiele.

Da in den Computerprogrammen nicht zwischen Groß- und Kleinschreibung unterschieden werden kann, weicht die Notation der Programme oft von den gewohnten Symbolen ab (z.B. NS für n und NG für N). Der Leser sollte nach Möglichkeit die Programme in ihrer Reihenfolge erarbeiten und die aufgezeigten Programmierhinweise beachten, um auf diese Weise auch seine Statistik-Kenntnisse zu erweitern.

Bernd Leiner

I. Wahrscheinlichkeitsrechnung

PROGRAMM 1: Simulation von Münzwürfen

LADEANWEISUNG:
Das Programm wird geladen mit load"a:muenze".

AUFGABE:
Mit dem Computer sollen n Münzwürfe simuliert werden. Jedem Münzwurf ist eine Zufallsvariable zugeordnet, die die Realisationen 1 oder 2 annehmen kann. 1 entspricht "Kopf", 2 entspricht "Wappen".
Es soll festgestellt werden, wie oft in einer Serie von n Münzwürfen "Kopf" bzw. "Wappen" tatsächlich vorkommt. Die zugehörigen empirischen Wahrscheinlichkeiten sollen bestimmt werden.
Schon mit diesem einfachen Programm kann der Benutzer Erfahrungen über das Verhalten von Zufallsvariablen sammeln. Er kann erkennen, wie diese empirischen Wahrscheinlichkeiten für größere Werte von n gegen 0,5 streben.

PROGRAMM:
```
100 CLS
110 PRINT"Muenze"
120 PRINT"--------"
130 INPUT"Wie oft werfen ",N
140 RANDOMIZE TIMER
150 FOR I=1 TO N
160 X=INT(RND(1)*2)+1
170 H(X)=H(X)+1
180 NEXT I
190 PRINT:PRINT:PRINT
200 PRINT"Augen-    Häufig-    relative"
210 PRINT"zahl      keit       Häufigkeit"
220 PRINT"-----------------------------------"
230 FOR J=1 TO 2
240 W(J)=H(J)/N
250 S=S+W(J)
260 IF J=1 THEN A$="Kopf"
270 IF J=2 THEN A$="Wappen"
280 PRINT A$; TAB(10)H(J);TAB(20)W(J)
290 NEXT J
300 PRINT"-----------------------------------"
310 PRINT "Summe";TAB(10)N;TAB(20)S
320 END
```

PROGRAMMBESCHREIBUNG:

(100) Der Befehl CLS (für clear screen) löscht den Bildschirm. Gleichwertige Befehle sind SCNCLR (für den Commodore 128) bzw. PRINT CHR$(147) (auch für den Commodore 64).

(110-120) Überschrift.

(130) Der Benutzer wird mit der INPUT-Anweisung aufgrund der am Bildschirm erscheinenden Frage "Wie oft werfen?" aufgefordert, die von ihm gewünschte Anzahl der Münzwürfe (z.B. zunächst einmal 10) über die Tastatur mit anschließendem Drücken der Eingabetaste einzugeben. Die Eingabetaste (an manchen Geräten RETURN-Taste) ist die Taste mit dem ↵ - Symbol.

(140-180) Die Zufallsfunktion (random function) RND(1) erzeugt für die Variable X einen Wert aus dem Einheitsintervall (ohne die Begrenzungen), d.h. eine reelle Zahl x mit $0 < x < 1$. Durch die Multiplikation mit 2 erzeugt RND(1)*2 eine reelle Zahl x mit $0 < x < 2$. Übergibt man dies der Integer-Funktion INT als Argument, so schneidet

$$INT(RND(1)*2)$$

den ganzzahligen Teil (also den Vorkommawert) dieser Zahl ab. Da nicht gerundet wird, erhält man so in diesem Zufallsvorgang entweder 0 oder 1. Durch die anschließende Addition von 1 erhält man wie gewünscht mit

$$X=INT(RND(1)*2)+1$$

entweder 1 oder 2 in einem Zufallsvorgang.
Mit dem Befehl RANDOMIZE TIMER wird für den Commodore 40AT der Startwert zur Erzeugung der Zufallszahlen an die interne Uhr des Computers gekoppelt. Für den Commodore 128 und vergleichbare Geräte kommt man ohne einen derartigen Befehl aus, verwendet also die Anweisung (160) ohne die Anweisung (140).
Dies liest sich alles komplizierter als es ist. Dem interessierten Benutzer, der derartige geschachtelte Funktionen nicht nur verwenden, sondern auch ihre Wirkungsweise verstehen möchte, ist zu empfehlen, z.B. mit PRINT RND(1) beginnend mittels weiterer PRINT-Befehle den Aufbau der Funktionen nachzuvollzie-

hen. Eine intensivere Bekanntschaft mit der RND-Funktion ist von Vorteil für die Erstellung eigener Programme.

In der FOR-NEXT-Schleife (150-180) wird der Inhalt des Speichers H(1) um 1 erhöht, wenn eine 1 erzeugt wurde. Wurde eine 2 erzeugt, so wird der Inhalt des Speichers H(2) jeweils um 1 erhöht. Allgemein werden also mit H(X) die absoluten Häufigkeiten in n Würfen gemessen, mit denen die Zufallsvariable den Wert X=1 oder X=2 angenommen hat.

(190-220) Tabellenüberschrift.

(230-290) Diese FOR-NEXT-Schleife wertet die beiden Speicherinhalte H(1) und H(2) aus. In (240) werden die empirischen Wahrscheinlichkeiten (als relative Häufigkeiten) gewonnen, indem die absoluten Häufigkeiten H(1) bzw. H(2) durch die Anzahl n der Versuche dividiert werden. In (250) werden diese Wahrscheinlichkeiten summiert. In (260) wird für J=1 der alphamerischen Variablen A$ die Zeichenkette "Kopf" zugeordnet. In (270) wird für J=2 der alphamerischen Variablen A$ die Zeichenkette "Wappen" zugeordnet. Mit (280) erfolgt die Ausgabe der Modalitäten "Kopf" bzw. "Wappen", ihrer zugehörigen Häufigkeiten sowie Wahrscheinlichkeiten.

(300-310) In der letzten Zeile der Tabelle werden die jeweiligen Summen ausgegeben.

(320) Programmende.

PROGRAMMBEISPIEL:

Start:

Über die Tastatur wird RUN mit der RETURN-Taste eingegeben. Nach Erscheinen der Frage "Wie oft werfen?" am Bildschirm wird die gewünschte Anzahl der Münzwürfe über die Tastatur mit der RETURN-Taste eingegeben.

Im ausgedruckten Programmbeispiel ergaben 10 000 simulierte Würfe in 5011 Fällen "Kopf" und in den restlichen 4989 Fällen "Wappen". Die empirischen Wahrscheinlichkeiten (0,5011 für "Kopf" bzw. 0,4989 für "Wappen") sind schon recht nahe am Idealwert 0,5.

Variationen:

Im Gegensatz zu sonstigen Programmen sollte der Benutzer nicht erwarten, daß er, wenn er ebenfalls die Anzahl der Münzwürfe n auf 10 000 festsetzt, ebenfalls in 5011 Fällen "Kopf" erhält, da es sich um ein Zufallsprogramm handelt. Er wird aber erkennen, daß seine Häufigkeit für "Kopf" nicht allzu stark von dem Erwartungswert 5000 abweicht.

Da es sich hier um ein echtes Zufallsexperiment handelt, können auch schon für kleiner Werte von n empirische Wahrscheinlichkeiten resultieren, die näher an 0,5 liegen (z.B. wenn in n=10 Würfen sich fünfmal "Kopf" realisiert).

Interessant sind nicht nur sukzessive Vergrößerungen von n sondern auch Serien mit jeweils gleichen Werten von n, z.B. eine Reihe von Versuchen mit jeweils n=100, deren Ergebnisse verglichen oder sogar gemittelt werden können.

AUSDRUCK DES PROGRAMMBEISPIELS:

```
Muenze
------
Wie oft werfen              10000


Augen-    Häufig-   relative
zahl      keit      Häufigkeit
-----------------------------------
Kopf      5011      .5011
Wappen    4989      .4989
-----------------------------------
Summe     10000     1
```

PROGRAMM 2: Binomialverteilung

LADEANWEISUNG:
Das Programm wird geladen mit load"a:binomv".

AUFGABE:
Mit der Binomialverteilung sollen die Wahrscheinlichkeiten

(2.1) $\quad W(k) = \binom{n}{k} \cdot p^k \cdot q^{n-k} \quad ; \, k = 0, 1, \ldots, n$

mit
$$q = 1 - p$$

für das Eintreten von k Erfolgen in n Versuchen berechnet werden. Hierbei ist in einem Einzelversuch einer solchen Serie von n unabhängigen Versuchen gleichen Aufbaus p die Wahrscheinlichkeit für einen Erfolg. Der binomische Koeffizient $\binom{n}{k}$, für den für k > 0 gilt

$$\binom{n}{k} = \frac{n}{1} \cdot \frac{n-1}{2} \cdot \ldots \cdot \frac{n-(k-1)}{k},$$

liefert die Anzahl der Anordnungen von genau k Erfolgen und n-k Mißerfolgen in n Versuchen. Für k = 0 nimmt er den Wert 1 an.
Im übrigen ergibt sich für die feste Anordnung von zunächst k Erfolgen und sodann n-k Mißerfolgen, die sich jeweils unabhängig mit Wahrscheinlichkeiten p bzw. q ereignen, mit $p^k \cdot q^{n-k}$ die Wahrscheinlichkeit ihres gemeinsamen Auftretens.

Aus den Wahrscheinlichkeiten der Wahrscheinlichkeitsverteilung (2.1) sollen die Werte der Verteilungsfunktion berechnet werden:

(2.2) $\quad F(x) = W(X \leq x)$.

F(x) gibt die Wahrscheinlichkeit an, daß sich in n Versuchen bis zu x Erfolge realisiert haben. Die Zufallsvariable X (die die Anzahl der Erfolge mißt) hat dann also den Schwellenwert x noch nicht überschritten.

LITERATUR:

Leiner, B.: Einführung in die Statistik. 3. Aufl., R. Oldenbourg
　　　　Verlag. München-Wien 1988, Abschnitt 8.2.

PROGRAMM:

```
100 CLS
110 PRINT"Binomialverteilung"
120 PRINT"------------------"
130 DEF FN R(X)=INT(X*1000+.5)/1000
140 INPUT"Bernoulli-Parameter p";P
150 Q=1-P
160 PRINT
170 INPUT"Anzahl der Versuche";N
180 DIM W(N),FK(N)
190 FK(0)=1
200 FOR I=1 TO N
210 FK(I)=FK(I-1)*(N-(I-1))/I
220 NEXT I
230 PRINT:PRINT
240 PRINT"Anzahl der   Wahrschein-  Verteilungs-"
250 PRINT"Erfolge      lichkeit     funktion"
260 PRINT"-----------------------------------"
270 FOR K=0 TO N
280 W(K)=FK(K)*P^K*Q^(N-K)
290 VT=VT+W(K)
300 PRINT K; TAB(13) FN R(W(K)); TAB(30) FN R(VT)
310 NEXT K
320 END
```

PROGRAMMBESCHREIBUNG:

(100)　　　Bildschirm wird gelöscht.

(110-120)　Überschrift.

(130)　　　Mit der Anweisung DEF FN wird die Rundungsfunktion
　　　　　 R(X) definiert. INT(X*1000+.5)/1000 bewirkt, daß
　　　　　 eine als Argument X übergebene Zahl auf drei Nach-
　　　　　 kommastellen gerundet wird.
　　　　　 In Einzelschritten bedeutet dies, daß die Zahl zu-
　　　　　 nächst vertausendfacht wird. INT(X*1000+.5) führt
　　　　　 dazu, daß die Stelle vor dem Komma nach der Addition
　　　　　 von 0,5 aufgerundet wird, wenn die Stelle nach dem
　　　　　 Komma vor der Addition eine der Ziffern 5 bis 9 war.
　　　　　 Wie wir aus dem vorherigen Programm schon wissen,
　　　　　 schneidet der INT-Befehl nämlich die Nachkommastellen
　　　　　 ab. Die anschließende Division mit 1000 verschiebt das
　　　　　 Komma um drei Stellen nach links.

(140)   Mit dem INPUT-Befehl "Bernoulli-Parameter p?" wird
         der Benutzer aufgefordert, einen Wert für die Erfolgs-
         wahrscheinlichkeit p des Einzelversuchs über die
         Tastatur einzugeben.
(150)   q ist als Wahrscheinlichkeit für einen Mißerfolg in
         einem Einzelversuch die Restwahrscheinlichkeit
         (komplementäre Wahrscheinlichkeit), die sich mit p
         zu 1 ergänzt.
(170)   Mit dem INPUT-Befehl "Anzahl der Versuche?" bestimmt
         der Benutzer durch die Eingabe des numerischen Werts
         für n den zweiten Parameter der Binomialverteilung.
(180)   Mit der DIM-Anweisung werden für die Werte der Wahr-
         scheinlichkeitsverteilung und der Verteilungsfunktion
         Speicher für die Feldvariablen (arrays) reserviert.
(190-220) Die binomischen Koeffizienten FK(I) werden rekursiv
         aus ihren Vorgängern FK(I-1) berechnet und zwar durch
         Multiplikation mit dem Faktor $\frac{n-(i-1)}{i}$, ausgehend von
         FK(∅)=1 für $\binom{n}{0}$ = 1. In Computerprogrammen steht das
         Symbol ∅ für die Null, um es vom Buchstaben O zu un-
         terscheiden.
(230-260) Tabellenüberschrift.
(270-310) In (280) werden die Wahrscheinlichkeiten der Wahr-
         scheinlichkeitsverteilung aus den binomischen Koef-
         fizienten berechnet durch Multiplikation mit P^K
         und Q^(N-K), also der k-ten Potenz der Erfolgswahr-
         scheinlichkeit p bzw. der (n-k)-ten Potenz der Miß-
         erfolgswahrscheinlichkeit q.
         In (290) erhält man den zugehörigen Wert der Ver-
         teilungsfunktion durch Aufsummieren der Wahrschein-
         lichkeiten.
         In (300) werden für alle Anzahlen von Erfolgen
         (von 0 bis n) die zugehörigen Wahrscheinlichkeiten
         und Werte der Verteilungsfunktion durch Aufruf der
         Rundungsvorschrift FN R(X) mit jeweiligem Argument X
         auf 3 Nachkommastellen gerundet ausgegeben.
(320)   Programmende.

PROGRAMMBEISPIEL:

Start:

Über die Tastatur wird RUN mit anschließendem Drücken der RETURN-Taste eingegeben.
Eine Münze werde zehnmal geworfen. Die Wahrscheinlichkeit für "Kopf" bzw. "Wappen" im Einzelversuch ist $p = \frac{1}{2}$ und muß als Dezimalzahl in amerikanischer Schreibweise .5 über die Tastatur mit nachfolgendem Drücken der RETURN-Taste eingegeben werden.
Anschließend Eingabe von 10 über die Tastatur mit RETURN als Antwort auf die Frage "Anzahl der Versuche?".

Variationen:

Wünscht man z.B. eine Genauigkeit von vier Nachkommastellen, so ist in (130) 1000 überall durch 10000 zu ersetzen.
n und p, die beiden Parameter der Binomialverteilung, können vom Benutzer über die Eingabe beliebig variiert werden.
Das Potenzsymbol ^, das man zur Anfertigung eigener Programme benötigt, wird beim Commodore 128 durch die ↑-Taste erzeugt.

AUSDRUCK DES PROGRAMMBEISPIELS:

```
Binomialverteilung
------------------
Bernoulli-Parameter p .5

Anzahl der Versuche 10
```

Anzahl der Erfolge	Wahrschein- lichkeit	Verteilungs- funktion
0	.001	.001
1	.01	.011
2	.044	.055
3	.117	.172
4	.205	.377
5	.246	.623
6	.205	.828
7	.117	.945
8	.044	.989
9	.01	.999
10	.001	1

PROGRAMM 3: Poissonverteilung

LADEANWEISUNG:
Das Programm wird geladen mit load"a:poisson".

AUFGABE:
Mit der Poissonverteilung sollen die Wahrscheinlichkeiten

(3.1) $\quad W(k) = \dfrac{\lambda^k}{k!} \cdot e^{-\lambda} \qquad ; k = 0, 1, \ldots$

für das Eintreten von k Erfolgen in einer Folge von unabhängigen Einzelversuchen gleichen Aufbaus mit Erwartungswert λ berechnet werden. λ, der einzigste Parameter der Poissonverteilung, ist eine reelle Zahl, die dem Erwartungswert $n \cdot p$ einer binomialverteilten Zufallsvariablen entspricht. Mit der Zufallsvariablen X kann man wie für die Binomialverteilung auch für die Poissonverteilung die Anzahl k der Erfolge in n Versuchen messen, wobei nun n über alle Grenzen wächst. Wegen $n \cdot p = \lambda$ bedeutet dies, daß für konstantes λ die Erfolgswahrscheinlichkeit p immer kleiner wird. In der statistischen Praxis wird die Poissonverteilung verwendet, wenn nach einer Faustregel der Wert von p kleiner als 5% ist.
In Formel (3.1) steht e für die Basis der natürlichen Logarithmen (e = 2,718281828...) und k! (sprich k Fakultät) für das Produkt der natürlichen Zahlen bis k.
Die Wahrscheinlichkeiten der Wahrscheinlichkeitsverteilung (3.1) lassen sich mit der Formel

(3.2) $\quad W(k) = W(k-1) \cdot \dfrac{\lambda}{k}$

rekursiv aus ihren Vorgängern berechnen, ausgehend von $W(0) = e^{-\lambda}$.

Aus den Wahrscheinlichkeiten der Wahrscheinlichkeitsverteilung sollen die Werte der Verteilungsfunktion

(3.3) $\quad F(x) = W(X \leq x)$

berechnet werden.

LITERATUR:
Leiner, B.: Einführung in die Statistik. 3. Aufl., R. Oldenbourg Verlag. München-Wien 1988, Abschnitt 8.3.

PROGRAMM:

```
100 CLS
110 PRINT"Poissonverteilung"
120 PRINT"-----------------"
130 DEF FN R(X)=INT(X*1000+.5)/1000
140 INPUT"Poisson-Parameter Lambda";L
150 INPUT"Berechnung bis Wert Nr.";N
160 DIM W(N)
170 W(0)=EXP(-L)
180 FOR K=1 TO N
190 W(K)=W(K-1)*L/K
200 NEXT K
210 PRINT
220 PRINT"Anzahl der   Wahrschein-  Verteilungs-"
230 PRINT"Erfolge      lichkeit     funktion"
240 PRINT"----------------------------------"
250 FOR K=0 TO N
260 VT=VT+W(K)
270 PRINT K; TAB(13) FN R(W(K)); TAB(30) FN R(VT)
280 NEXT K
290 END
```

PROGRAMMBESCHREIBUNG:

(100)   Bildschirm wird gelöscht.

(110-120) Überschrift.

(130)   Rundungsfunktion (siehe PROGRAMM 2).

(140)   Mit dem INPUT-Befehl "Poisson-Parameter Lambda?" wird der Benutzer aufgefordert, den Erwartungswert der Poissonverteilung über die Tastatur (mit nachfolgendem Drücken der RETURN-Taste) einzugeben.

(150)   Da mit zunehmendem k die Wahrscheinlichkeiten dieser unendlichen Bernoulli-Folge schnell gegen Null streben, wird mit dem INPUT-Befehl "Berechnung bis Wert Nr. ?" vom Benutzer ein Höchstwert für k angefordert, ab dem keine weiteren Wahrscheinlichkeiten mehr berechnet werden.

(160)   Mit der DIM-Anweisung werden für diese Werte der Wahrscheinlichkeitsverteilung Speicher für die Feldvariablen (arrays) reserviert.

(170) $W(0) = e^{-\lambda}$ wird mit der Exponentialfunktion EXP berechnet.

(180-200) Rekursiv werden die übrigen Wahrscheinlichkeiten berechnet.

(210-240) Tabellenüberschrift.
(250-280) In (260) erhält man die zugehörigen Werte der Verteilungsfunktion in der FOR-NEXT-Schleife durch Aufsummieren der Wahrscheinlichkeiten. Die Werte der Verteilungsfunktion werden im Gegensatz zum Vorgehen in PROGRAMM 2 nicht separat abgespeichert, da sie in (270) mit den Wahrscheinlichkeiten noch in der Schleife (auf drei Nachkommastellen gerundet) ausgegeben werden und die Speicherinhalte im nächsten Schleifendurchgang durch die neuen Werte überschrieben werden können. Die Variable VT enthält somit stets die aktuelle Summe der Wahrscheinlichkeiten.
(290) Programmende.

PROGRAMMBEISPIEL:
Start:
Eingeben von RUN und Drücken der RETURN-Taste.

Für eine poissonverteilte Zufallsvariable mit Erwartungswert $\lambda = 1$ werden die Wahrscheinlichkeiten und Werte der Verteilungsfunktion bis $k = 10$ berechnet, wenn auf die Frage "Poisson-Parameter Lambda ?" der Wert 1 über die Tastatur (mit nachfolgendem Drücken der RETURN-Taste) und entsprechend auf die Frage "Berechnung bis Wert Nr. ?" der Wert 10 über die Tastatur (mit nachfolgendem Drücken der RETURN-Taste) eingegeben werden.
Da auf drei Nachkommastellen gerundet wird, ist zu beobachten, daß schon die Wahrscheinlichkeiten ab $k = 7$ kleiner als 0,0005 sind. Die Verteilungsfunktion nimmt ab $k = 6$ den Wert 1 an, obwohl noch kleinste Werte an Wahrscheinlichkeiten für $k > 6$ hinzukommen, die bei einer Genauigkeit von 3 Nachkommastellen nicht mehr auffallen.

Variationen:
Um zu sehen, wie gut die Approximation der Binomialverteilung durch die Poissonverteilung für unterschiedliche Werte von n ist, vergleiche der Benutzer das Ergebnis von PROGRAMM 3 mit den Ergebnissen von PROGRAMM 2, wenn dort mit $n = 10$ und $p = \frac{1}{10}$ und anschließend mit $n = 100$ und $p = \frac{1}{100}$ gearbeitet wird. In beiden Fällen ist $n \cdot p = 1$.
In Anweisung (130) kann hier - wie in PROGRAMM 2 gezeigt - die Genauigkeit von drei Nachkommastellen geändert werden.

Abgesehen von verschiedenen Abbruchwerten für die Berechnung sollte natürlich auch λ variiert werden. Während für $\lambda=1$ wegen (3.2) stets gilt W(1) = W(0), folgt für $\lambda=2$ wegen (3.2), daß dann W(2) = W(1).

AUSDRUCK DES PROGRAMMBEISPIELS:

```
Poissonverteilung
-----------------
Poisson-Parameter Lambda 1
Berechnung bis Wert Nr. 10

Anzahl der   Wahrschein-   Verteilungs-
Erfolge      lichkeit      funktion
----------------------------------------
   0           .368           .368
   1           .368           .736
   2           .184           .92
   3           .061           .981
   4           .015           .996
   5           .003           .999
   6           .001           1
   7           0              1
   8           0              1
   9           0              1
  10           0              1
```

PROGRAMM 4: Geometrische Verteilung

LADEANWEISUNG:
Das Programm wird geladen mit load"a:geom".

AUFGABE:
Mit der geometrischen Verteilung sollen die Wahrscheinlichkeiten

(4.1) $W(n) = p \cdot q^{n-1}$; n = 1, 2, ...

für das Eintreten des 1. Erfolges in einer Folge von unabhängigen Einzelversuchen gleichen Aufbaus berechnet werden.

Tritt der Erfolg ein, so wird die Versuchsserie sofort abgebrochen. Der 1. Erfolg tritt also stets im n-ten Versuch ein, wobei die Zufallsvariable $Y = n$ die Anzahl der Versuche registriert, die notwendig sind, um diesen 1. Erfolg zu erzielen. Im Gegensatz zu den bisher betrachteten Wahrscheinlichkeitsmodellen ist jetzt k fixiert, nämlich auf $k = 1$. Der Bernoulliparameter p (Erfolgswahrscheinlichkeit im Einzelversuch) ist demnach der einzigste Parameter dieser Verteilung. Wieder gibt $q = 1 - p$ die Mißerfolgswahrscheinlichkeit im Einzelversuch an.

Aus den Wahrscheinlichkeiten der Wahrscheinlichkeitsverteilung (4.1) sollen die Werte der Verteilungsfunktion

(4.2) $F(y) = W(Y \leq y)$

berechnet werden, wobei nun mit y der Schwellenwert der Realisationen bezeichnet wird, der nicht überschritten werden soll.

LITERATUR:
Leiner, B.: Einführung in die Statistik. 3. Aufl., R. Oldenbourg Verlag. München-Wien 1988, Abschnitt 8.4.

PROGRAMM:

```
100 CLS
110 PRINT"Geometrische Verteilung"
120 PRINT"----------------------"
130 DEF FN R(X)=INT(X*10000+.5)/10000
140 INPUT"Bernoulli-Parameter p";P
150 Q=1-P
160 INPUT"Berechnung bis Wert Nr.";N
170 DIM W(N)
180 FOR I=1 TO N
190 W(I)=P*Q^(I-1)
200 NEXT I
210 PRINT
220 PRINT"Anzahl der   Wahrschein-  Verteilungs-"
230 PRINT"Versuche     lichkeit     funktion"
240 PRINT"----------------------------------------"
250 FOR I=1 TO N
260 VT=VT+W(I)
270 PRINT I;TAB(12) FN R(W(I)); TAB(26) FN R(VT)
280 NEXT I
290 END
```

PROGRAMMBESCHREIBUNG:
(100)   Bildschirm wird gelöscht.
(110-120)   Überschrift.
(130)   Rundungsfunktion (siehe PROGRAMM 2).
(140)   Mit dem INPUT-Befehl "Bernoulli-Parameter p" wird
            der Benutzer aufgefordert, die Erfolgswahrschein-
            lichkeit im Einzelversuch über die Tastatur (mit
            nachfolgendem Drücken der RETURN-Taste) einzugeben.
(150)   Die Mißerfolgswahrscheinlichkeit q wird berechnet.
(160)   Da die Wahrscheinlichkeiten dieser (theoretisch)
            unendlichen Bernoulli-Folge schnell gegen Null stre-
            ben für zunehmendes n, wird mit dem INPUT-Befehl
            "Berechnung bis Wert Nr." vom Benutzer ein Höchst-
            wert für n angefordert, ab dem keine weiteren Wahr-
            scheinlichkeiten mehr berechnet werden.
(170)   Mit der DIM-Anweisung werden für diese Werte der
            Wahrscheinlichkeitsverteilung Speicher für die Feld-
            variablen (arrays) reserviert.
(180-200)   Die Wahrscheinlichkeiten werden direkt berechnet.
            Der fortgeschrittene Benutzer kann auch hier einen
            rekursiven Algorithmus programmieren (Startwert p,
            Faktor q).
(210-240)   Tabellenüberschrift.
(250-280)   In (260) erhält man die zugehörigen Werte der Ver-
            teilungsfunktion in der FOR-NEXT-Schleife durch Auf-
            summieren der Wahrscheinlichkeiten. Das Vorgehen
            hierbei entspricht dem von PROGRAMM 3.
(290)   Programmende.

PROGRAMMBEISPIEL:
Start:
Eingeben von RUN und Drücken der RETURN-Taste.

Für eine geometrisch verteilte Zufallsvariable mit Erfolgswahrscheinlichkeit p = 0,5 (Eingabe über die Tastatur als .5
mit nachfolgendem Drücken der RETURN-Taste) werden die Wahrscheinlichkeiten berechnet, mit denen der 1. Erfolg bis zum
10. Versuch (Eingabe von 10 über die Tastatur mit nachfolgendem Drücken der RETURN-Taste, wenn die Frage "Berechnung bis

Wert Nr. ?" am Bildschirm erscheint) eintreten kann. Wir sehen
im Ausdruck des Programmbeispiels, daß noch eine Restwahrschein-
lichkeit von rd. 1 Promille in den verbleibenden Versuchen mit
n > 10 enthalten ist.

Variationen:
Für $p = \frac{1}{6}$ (Eingabe: .1666667) und beliebiges n erhält man die
Wahrscheinlichkeiten, mit denen beim mehrfachen Werfen eines
Würfels erstmals die Augenzahl "6" im n-ten Wurf realisiert
wird, wenn nach Erscheinen dieser Augenzahl die Versuchsserie
sofort abgebrochen wird.

AUSDRUCK DES PROGRAMMBEISPIELS:

```
Geometrische Verteilung
-----------------------
Bernoulli-Parameter p  .5
Berechnung bis Wert Nr. 10

Anzahl der   Wahrschein-   Verteilungs-
Versuche     lichkeit      funktion
-----------------------------------------
   1          .5            .5
   2          .25           .75
   3          .125          .875
   4          .0625         .9375
   5          .0313         .9688
   6          .0156         .9844
   7          .0078         .9922
   8          .0039         .9961
   9          .002          .998
  10          .001          .999
```

PROGRAMM 5: Hypergeometrische Verteilung

LADEANWEISUNG:
Das Programm wird geladen mit load"a:hyperg"

AUFGABE:
Mit der hypergeometrischen Verteilung sollen die Wahrscheinlichkeiten

$$(5.1) \quad W(k) = \frac{\binom{K}{k} \cdot \binom{N-K}{n-k}}{\binom{N}{n}} \quad ; \; k = 0, 1, \ldots, n$$

für das Eintreten von k Erfolgen in n unabhängigen Versuchen berechnet werden, wobei der Versuchsaufbau sich folgendermaßen ändert: Im Gegensatz zur Binomialverteilung, die auf dem Ziehungsschema "mit Zurücklegen" beruht (d.h. die aus einer Urne gezogenen Kugeln werden wieder in die Urne gelegt), beruht die hypergeometrische Verteilung auf dem Ziehungsschema "ohne Zurücklegen". Dadurch, daß Einheiten nicht wiederholt ausgewählt werden können (d.h. der Inhalt einer Urne vermindert sich bei jeder Ziehung um die gezogene Kugel) ist die Identität der Versuchsbedingungen im Einzelversuch zerstört. Die geänderten Versuchsbedingungen kommen auch in der Notation zum Ausdruck:
N = Umfang der Grundgesamtheit,
n = Stichprobenumfang (Anzahl der Versuche),
K = Anzahl der Erfolge in der Grundgesamtheit,
k = Anzahl der Erfolge in der Stichprobe.

Würde die ungekürzte Formel zur Berechnung der binomischen Koeffizienten, z.B. zur Berechnung der Nennergröße in (5.1) verwendet:

$$(5.2) \quad \binom{N}{n} = \frac{N!}{n! \cdot (N-n)!} \; ,$$

so würde sich wegen

$$(5.3) \quad N! = 1 \cdot 2 \cdot \ldots \cdot N$$

für große Grundgesamtheiten schnell ein overflow ergeben. Im Computerprogramm werden daher gekürzte Formeln verwendet.

Aus den Wahrscheinlichkeiten der Wahrscheinlichkeitsverteilung (5.1) sollen die Werte der Verteilungsfunktion berechnet werden, d.h.

(5.4) $F(x) = W(X \leq x)$.

LITERATUR:

Leiner, B.: Einführung in die Statistik. 3. Aufl., R. Oldenbourg Verlag. München-Wien 1988, Abschnitt 8.5.

PROGRAMM:

```
100 CLS
110 PRINT"Hypergeometrische Verteilung"
120 PRINT"-------------------------"
130 INPUT"Umfang der Grundgesamtheit ";M
140 INPUT"Stichprobenumfang ";N
150 INPUT"Anzahl der Erfolge in der Grundgesamtheit ";J
160 MJ=M-J:REM Anzahl der Misserfolge in Grundgesamtheit
170 DIM W(J)
180 MK=J
190 IF J>N THEN MK=N
200 FOR K=0 TO MK:REM Anzahl Wahrscheinlichkeiten
210 FE=1
220 IF K=0 THEN 270
230 FOR I=1 TO K:REM Erfolge   binomischer Koeffizient im Zaehler
240 I1=I-1
250 FE=FE*(J-I1)/I
260 NEXT I
270 FM=1
280 NK=N-K:REM Anzahl Misserfolge in Stichprobe
290 IF NK=0 THEN 340
300 FOR L=1 TO NK:REM Misserfolge   binomischer Koeffizient im Zaehler
310 L1=L-1
320 FM=FM*(MJ-L1)/L
330 NEXT L
340 NF=1
350 FOR NE=1 TO N:REM binomischer Koeffizient im  Nenner
360 N1=NE-1
370 NF=NF*(M-N1)/NE
380 NEXT NE
390 W(K)=FE*FM/NF
400 NEXT K
410 PRINT
420 PRINT"Anzahl der  Wahrschein-  Verteilungs-"
430 PRINT"Erfolge     lichkeit     funktion"
440 PRINT"----------------------------------"
450 FOR K=0 TO N
460 VT=VT+W(K)
470 PRINT K; TAB(13) W(K); TAB(27) VT
480 NEXT K
490 END
```

PROGRAMMBESCHREIBUNG:
(100)   Bildschirm wird gelöscht.
(110-120) Überschrift.
(130)   Mit dem INPUT-Befehl "Umfang der Grundgesamtheit" wird der über die Tastatur eingegebene Wert (mit anschließendem Drücken der RETURN-Taste) der Variablen M zugewiesen.
(140)   Mit dem INPUT-Befehl "Stichprobenumfang" wird der über die Tastatur eingegebene Wert (mit anschliessendem Drücken der RETURN-Taste) der Variablen N zugewiesen.
(150)   Mit dem INPUT-Befehl "Anzahl der Erfolge in der Grundgesamtheit" wird der über die Tastatur eingegebene Wert (mit anschließendem Drücken der RETURN-Taste) der Variablen J zugewiesen.
(160)   MJ ist als Differenz von M und J die Anzahl der Mißerfolge in der Grundgesamtheit.
(170)   Mit der DIM-Anweisung werden für die Wahrscheinlichkeiten Speicher für die Feldvariablen (arrays) reserviert.
(180-190) Mit MK wird abgesichert, daß die Anzahl der Erfolge in der Stichprobe nicht größer ist als der Stichprobenumfang.
(200-400) Berechnung der Wahrscheinlichkeiten. Hierbei:
(210-260) Berechnung des binomischen Koeffizienten für die Erfolge im Zähler von (5.1) (1. Faktor).
(270-330) Berechnung des binomischen Koeffizienten für die Mißerfolge im Zähler von (5.1) (2. Faktor). Hierbei mißt NK die Anzahl der Mißerfolge in der Stichprobe.
(340-380) Berechnung des binomischen Koeffizienten im Nenner von (5.1).
(390)   Die gesuchte Wahrscheinlichkeit ergibt sich als Produkt der beiden binomischen Koeffizienten im Zähler, dividiert durch den binomischen Koeffizienten im Nenner von (5.1).
(410-440) Tabellenüberschrift.
(450-480) in (460) erhält man die zugehörigen Werte der Verteilungsfunktion in der FOR-NEXT-Schleife durch Aufsummieren der Wahrscheinlichkeiten. In (470) werden die Realisationen von X, deren Wahrscheinlichkeiten und die Werte der Verteilungsfunktion ausgegeben.
(490)   Programmende.

PROGRAMMBEISPIEL:

Start:
Eingeben von RUN und Drücken der RETURN-Taste.

Es soll berechnet werden, mit welcher Wahrscheinlichkeit man im Lotto bei "6 aus 49" keine, eine, zwei, drei, vier, fünf oder sechs "Richtige" ankreuzt.
Als Umfang der Grundgesamtheit gibt man 49 ein (mit anschließendem Drücken der RETURN-Taste), ebenso 6 für den Stichprobenumfang und ebenfalls 6 für die Anzahl der Erfolge in der Grundgesamtheit.
Im Ausdruck des Programmbeispiels bedeutet dann
$$7.151124E-08$$
ungefähr den Wert 0,00000007 , also eine Chance von rd. 1 : 14 Millionen für 6 "Richtige".

Variationen:
Natürlich können entsprechend die anderen Lottospiele bezüglich ihrer Wahrscheinlichkeiten untersucht werden.
Die hypergeometrische Verteilung ist darüberhinaus in der Praxis vorzuziehen, wenn in kleinen Stichproben mit dichotomen Merkmalen (nur zwei Merkmalsausprägungen) vermieden werden soll, daß dieselbe Einheit mehrfach (zu Befragungen z.B.) ausgewählt werden kann.
Der Benutzer wird bemerken, daß trotz Verwendung gekürzter Ausdrücke der binomischen Formel overflows eintreten können, wenn große Umfänge der Grundgesamtheit vorliegen. In diesen Fällen empfiehlt sich die Verwendung von PROGRAMM 7 in der Variation mit NY=-1, wenn der Anteil des Stichprobenumfangs am Umfang der Grundgesamtheit größer als 10% ist. Ist er kleiner als 10%, so kann man nach dieser Faustregel die Binomialverteilung verwenden.

AUSDRUCK DES PROGRAMMBEISPIELS:

Hypergeometrische Verteilung

Umfang der Grundgesamtheit 49
Stichprobenumfang 6
Anzahl der Erfolge in der Grundgesamtheit 6

Anzahl der Erfolge	Wahrscheinlichkeit	Verteilungsfunktion
0	.435965	.435965
1	.4130195	.8489844
2	.132378	.9813624
3	.0176504	.9990129
4	9.686197E-04	.9999815
5	1.84499E-05	1
6	7.151124E-08	1

PROGRAMM 6: Negative Binomialverteilung

LADEANWEISUNG:
Das Programm wird geladen mit load"a:negbin".

AUFGABE:
Mit der negativen Binomialverteilung sollen die Wahrscheinlichkeiten (mit $q = 1 - p$)

(6.1) $\qquad W(n) = \binom{n-1}{k-1} \cdot p^k \cdot q^{n-k} \qquad ; n = k, k+1, \ldots$

berechnet werden für das Eintreten des k-ten Erfolges in einer Folge von identisch und unabhängig verteilten Einzelversuchen (Bernoulli-Folge). k und p sind die Parameter der negativen Binomialverteilung. Mit der Zufallsvariablen Y kann man die Anzahl der benötigten Versuche messen. Wenn der k-te Erfolg eintritt, wird die Versuchsserie abgebrochen, d.h. der k-te Erfolg tritt stets im n-ten Versuch ein. So erhalten wir für k = 1 die geometrische Verteilung als Spezialfall der negativen Binomialverteilung. Wie dort steht der Bernuolli-Parameter p für die Erfolgswahrscheinlichkeit im Einzelversuch und q für die Mißerfolgswahrscheinlichkeit im Einzelversuch.
Aus den Wahrscheinlichkeiten der Wahrscheinlichkeitsverteilung (6.1) sollen die Werte der Verteilungsfunktion

(6.2) $\qquad F(y) = W(Y \leq y)$

berechnet werden.

Der binomische Koeffizient $\binom{n-1}{k-1}$ in (6.1) ergibt sich durch die Überlegung, daß es genau $\binom{n-1}{k-1}$ Anordnungen von k-1 Erfolgen in n-1 Versuchen gibt, die sich mit der einen Anordnung eines Erfolges genau im n-ten Versuch kombinieren lassen.

LITERATUR:
Leiner, B.: Einführung in die Statistik. 3. Aufl., R. Oldenbourg Verlag. München-Wien 1988, Abschnitt 8.7.

PROGRAMM:

```
100 CLS
110 PRINT"Negative Binomialverteilung"
120 PRINT"--------------------------"
130 DEF FN R(X)=INT(X*10000+.5)/10000
140 INPUT"Bernoulliparameter p ";P
150 Q=1-P
160 INPUT"Anzahl der Erfolge ";K
170 INPUT"Berechnung bis Wert Nr. ";L
180 DIM W(L),FK(L),WE(L)
190 IF K=1 THEN 320
200 WE(K)=1
210 W(K)=P^K
220 FOR N=K+1 TO L:REM werte
230 FK(0)=1
240 FOR J=1 TO K-1:REM Faktoren
250 J1=J-1
260 FK(J)=FK(J1)*(N-J)/J
270 WE(N)=FK(J)
280 NEXT J
290 W(N)=WE(N)*P^K*Q^(N-K)
300 NEXT N
310 GOTO 350
320 FOR I=1 TO L
330 W(I)=P*Q^(I-1)
340 NEXT I
350 PRINT
360 PRINT"Anzahl der   Wahrschein-    Verteilungs-"
370 PRINT"Versuche     lichkeit      funktion"
380 PRINT"-----------------------------------------"
390 FOR I=1 TO L
400 VT=VT+W(I)
410 PRINT I; TAB(12) FN R(W(I)); TAB(26) FN R(VT)
420 NEXT I
430 END
```

PROGRAMMBESCHREIBUNG:

(100)   Bildschirm wird gelöscht.

(110-120) Überschrift.

(130)   Rundungsfunktion (siehe PROGRAMM 2).

(140)   Mit dem INPUT-Befehl "Bernoulli-Parameter p ?" wird der Benutzer aufgefordert, die Erfolgswahrscheinlichkeit im Einzelversuch über die Tastatur (mit nachfolgendem Drücken der RETURN-Taste) einzugeben.

(150)   Die Mißerfolgswahrscheinlichkeit q wird berechnet.

(160)   Mit dem INPUT-Befehl "Anzahl der Erfolge ?" wird der Benutzer aufgefordert, diesen zweiten Parameter der Verteilung über die Tastatur (mit nachfolgendem Drücken der RETURN-Taste) einzugeben.

(170) Da die Wahrscheinlichkeiten dieser (theoretisch) unendlichen Bernoulli-Folge mit zunehmendem n schnell gegen Null streben, wird mit dem INPUT-Befehl "Berechnung bis Wert Nr. ?" vom Benutzer ein Höchstwert (L) angefordert (Eingabe über die Tastatur mit nachfolgendem Drücken der RETURN-Taste), ab dem keine weiteren Wahrscheinlichkeiten mehr berechnet werden.

(180) Mit der DIM-Anweisung werden für die Variablen W, FK und WE Speicher für die Feldvariablen (arrays) reserviert.

(190) Für k = 1 wird das Programm in Anweisung (320) fortgesetzt (geometrische Verteilung).

(200-300) Berechnung der Wahrscheinlichkeiten W.
In (210) wird W(k) berechnet. In (230-280) werden die binomischen Koeffizienten rekursiv berechnet, mit denen die Wahrscheinlichkeiten für n = k + 1 bis zum Höchstwert bestimmt werden.

(310) Mit dem Sprungbefehl GOTO 350 werden die Berechnungen für k = 1 übersprungen.

(320-340) Für k = 1 werden die Wahrscheinlichkeiten mit der einfacheren Formel der geometrischen Verteilung berechnet.

(350-380) Tabellenüberschrift.

(390-420) In (400) erhält man die zugehörigen Werte der Verteilungsfunktion in der FOR-NEXT-Schleife durch Aufsummieren der Wahrscheinlichkeiten. In (410) werden die Realisationen von Y, deren Wahrscheinlichkeiten und die Werte der Verteilungsfunktion ausgegeben.

(430) Programmende.

PROGRAMMBEISPIEL:

Start:
Eingeben von RUN und Drücken der RETURN-Taste.

Wir betrachten eine Bernoullifolge mit p = .5 (Eingabe über die Tastatur mit nachfolgendem Drücken der RETURN-Taste). Hier soll berechnet werden, mit welcher Wahrscheinlichkeit der 2. Erfolg sich genau im n-ten Versuch ereignet. Erscheint also die Frage "Anzahl der Erfolge ?" am Bildschirm, so wird der Wert 2 über die Tastatur mit RETURN eingegeben. Auf die Frage

"Berechnung bis Wert Nr. ?" wurde im ausgedruckten Programmbeispiel 10 über die Tastatur mit RETURN eingegeben. So wurden nur bis n = 10 Berechnungen durchgeführt und Wahrscheinlichkeiten sowie Werte der Verteilungsfunktion ausgedruckt. Für n = 10 ergibt sich auf vier Nachkommastellen eine Wahrscheinlichkeit von 0,0088, daß der 2. Erfolg genau im 10. Versuch eintritt. Die Verteilungsfunktion erreicht an dieser Stelle den Wert 0,9893, d.h. rd 1% der Wahrscheinlichkeitsmasse entfällt insgesamt auf spätere Versuche.

Variationen:
Natürlich kann im Beispiel auch ein höherer Abbruchwert als 10 gewählt werden.

Für p = .1666667 und k = 4 (Anzahl der Erfolge) erhält man z.B. die Wahrscheinlichkeiten, daß im n-ten Wurf (n = 4, 5, ...) die vierte "6" gewürfelt wurde (Spiel Mensch ärgere Dich nicht). Einen vierten Erfolg kann man eben erst frühestens im vierten Wurf haben, so daß für n < 4 die Wahrscheinlichkeit für vier Erfolge gleich Null ist.

AUSDRUCK DES PROGRAMMBEISPIELS:

```
Negative Binomialverteilung
---------------------------
Bernoulliparameter p  .5
Anzahl der Erfolge  2
Berechnung bis Wert Nr.  10

Anzahl der    Wahrschein-    Verteilungs-
Versuche      lichkeit       funktion
---------------------------------------
   1           0              0
   2           .25            .25
   3           .25            .5
   4           .1875          .6875
   5           .125           .8125
   6           7.810001E-02   .8906
   7           .0469          .9375
   8           .0273          .9648
   9           .0156          .9805
  10           .0088          .9893
```

PROGRAMM 7: Pólya-Verteilung

LADEANWEISUNG:
Das Programm wird geladen mit load"a:polya".

AUFGABE:
Im Ziehungsschema nach Pólya wird im Urnenmodell eine Kugel gezogen, ihre Farbe (Merkmalsausprägung) registriert und diese Kugel mit jeweils ν gleichfarbigen zusätzlichen Kugeln in die Urne zurückgelegt. Bezeichnet man das Verhältnis von ν zu N (dem Umfang der Grundgesamtheit) mit α, so ergibt sich mit $\alpha = \frac{\nu}{N}$ folgende Formel für die Wahrscheinlichkeit von k Erfolgen in n Ziehungen ($p = \frac{K}{N}$ steht für den Anteil der Erfolgseinheiten K der Grundgesamtheit vor der 1. Ziehung. $q = 1 - p$):

$$W(k) = \binom{n}{k} \cdot p \cdot \frac{p+\alpha}{1+\alpha} \cdot \ldots \cdot \frac{p+\alpha \cdot (k-1)}{1+\alpha \cdot (k-1)} \cdot \frac{q}{1+\alpha \cdot k} \cdot \frac{q+\alpha}{1+\alpha \cdot (k+1)} \cdot \frac{q+\alpha \cdot (n-k-1)}{1+\alpha \cdot (n-1)} \quad , \quad (7.1)$$

wobei $\binom{n}{k}$ als binomischer Koeffizient die Anzahl der Anordnungen von genau k Erfolgen und n-k Mißerfolgen in n Versuchen angibt. Die nachfolgenden - multiplikativ verbundenen - Einzelwahrscheinlichkeiten entsprechen den Wahrscheinlichkeitssituationen in den aufeinanderfolgenden Einzelversuchen, wenn in einer festen Anordnung zuerst k Erfolge und sodann n-k Mißerfolge auftreten. Die multiplikative Verknüpfung ergibt sich aufgrund der Unabhängigkeit der Einzelversuche (die nun keinen identischen Aufbau mehr aufweisen). (7.1) kann ebenso als Verhältnis eines Zählerprodukts zu einem Nennerprodukt dargestellt werden. In jeder anderen Anordnung von k Erfolgen und n-k Mißerfolgen ergibt sich das gleiche Nennerprodukt, weil nach jeder Ziehung ν Kugeln hinzugefügt werden, die Urne sich also immer weiter auffüllt. Im übrigen zeichnen sich die anderen Anordnungen von k Erfolgen und n-k Mißerfolgen gerade dadurch aus, daß zwar die Faktoren im Zähler anders angeordnet sind, sich aber stets dasselbe Zählerprodukt ergibt, da k und n-k jeweils fest sind.

Zugleich werden die Werte der Verteilungsfunktion berechnet:

$$F(x) = W(X \leq x) \quad (7.2)$$

LITERATUR:
Leiner, B.: Einführung in die Statistik. 3. Aufl., R. Oldenbourg Verlag. München-Wien 1988, Abschnitt 8.6.

PROGRAMM:

```
100 CLS
110 PRINT"Polya-Verteilung"
120 PRINT"----------------"
130 DEF FN R(X)=INT(X*1000+.5)/1000
140 INPUT"Umfang der Grundgesamtheit ";NG
150 INPUT"Stichprobenumfang ";NS
160 INPUT"Anzahl der Erfolge in Grundgesamtheit beim 1.Versuch ";EG
170 DIM FK(NS),WP(NS),WQ(NS),NE(NS),W(NS)
180 MG=NG-EG:REM Anzahl der Misserfolge in GG beim 1.Versuch
190 P=EG/NG:REM Erfolgswahrscheinlichkeit beim 1.Versuch
200 Q=1-P:REM Misserfolgswahrscheinlichkeit beim 1.Versuch
210 INPUT"Anzahl der hinzugefuegten Einheiten je Versuch ";NY
220 AL=NY/NG:REM Anteil der hinzugefuegten Einheiten
230 KM=EG:REM (maximale) Anzahl der Erfolge in n Versuchen
240 IF EG>NS THEN KM=NS
250 LM=MG:REM (maximale) Anzahl der Misserfolge in n Versuchen
260 IF MG>NS THEN LM=NS
270 F=1
280 FK(0)=1
290 FOR I=1 TO KM:REM Binomischer Koeffizient
300 F=F*(NS-I+1)/I
310 FK(I)=F
320 NEXT I
330 FP=1:WP(0)=1
340 FOR J=1 TO KM:REM Erfolge
350 J1=J-1
360 FP=FP*(P+J1*AL)
370 WP(J)=FP
380 NEXT J
390 FQ=1
400 WQ(0)=1
410 FOR L=1 TO LM:REM Misserfolge
420 L1=L-1
430 FQ=FQ*(Q+L1*AL)
440 WQ(L)=FQ
450 NEXT L
460 NF=1
470 FOR K=1 TO NS:REM Nenner
480 K1=K-1
490 NF=NF*(1+K1*AL)
500 NEXT K
510 PRINT
520 PRINT"Anzahl der   Wahrschein-   Verteilungs-"
530 PRINT"Erfolge      lichkeit      funktion"
540 PRINT"----------------------------------------"
550 FOR I=0 TO KM:REM Wahrscheinlichkeiten
560 J=NS-I
570 W(I)=FK(I)*WP(I)*WQ(J)/NF
580 VT=VT+W(I)
590 PRINT I;TAB(15) FN R(W(I)); TAB(30) FN R(VT)
600 NEXT I
610 END
```

PROGRAMMBESCHREIBUNG:
- (100) Bildschirm wird gelöscht.
- (110-120) Überschrift.
- (130) Rundungsfunktion (siehe PROGRAMM 2).
- (140) Die aufgrund des INPUT-Befehls "Umfang der Grundgesamtheit ?" vom Benutzer über die Tastatur eingegebene Zahl (mit nachfolgendem Drücken der RETURN-Taste) wird der Variablen NG zugewiesen.
- (150) Entsprechend wird die nächste vom Benutzer über die Tastatur eingegene Zahl für den Stichprobenumfang der Variablen NS zugewiesen.
- (160) Die Variable EG enthält nach vollzogenem Input die Anzahl der Erfolge (in der Grundgesamtheit) vor dem 1. Versuch.
- (170) Mit der DIM-Anweisung werden für die Variablen FK, WP, WQ, NE und W Speicher für die Feldvariablen (arrays) reserviert.
- (180) Die Anzahl MG der Mißerfolge in der Grundgesamtheit vor dem 1. Versuch ergibt sich als Differenz der eingegebenen Werte NG und EG.
- (190) Die Erfolgswahrscheinlichkeit P beim 1. Versuch ist das Verhältnis von EG zu NG.
- (200) Ensprechend mißt Q=1-P die Mißerfolgswahrscheinlichkeit beim 1. Versuch.
- (210) Nun wird der Benutzer aufgefordert, die Anzahl ν der hinzugefügten Einheiten je Versuch über die Tastatur (mit nachfolgendem Drücken der RETURN-Taste) einzugeben. Dieser Wert wird der Variablen NY zugewiesen.
- (220) Die Variable AL für α rechnet ν um in das Verhältnis NY/NG (d.h. gibt den Anteil der nach dem 1. Versuch hinzugefügten Einheiten an den vor dem 1. Versuch vorhandenen Einheiten der Grundgesamtheit an).
- (230-240) Es wird sichergestellt, daß die Anzahl der berechneten Erfolgswerte nicht größer als der Stichprobenumfang ist.
- (250-260) Entsprechende Vorkehrung für die Mißerfolgswerte.
- (270-320) Berechnung des binomischen Koeffizienten $\binom{n}{k}$.
- (330-380) Berechnung des Produkts der Zähler-Faktoren in den Erfolgssituationen.

(390-450) Berechnung des Produkts der Zähler-Faktoren in den Mißerfolgssituationen.
(460-500) Berechnung des Produkts der Nennerfaktoren.
(510-540) Tabellenüberschrift.
(550-600) In (570) Berechnung der Wahrscheinlichkeiten aus den Zählerprodukten und dem Nennerprodukt.
In (580) Berechnung der zugehörigen Werte der Verteilungsfunktion.
In (590) Ausgabe der Werte von X, ihren Wahrscheinlichkeiten und den zugehörigen Werten der Verteilungsfunktion.
(610) Programmende.

PROGRAMMBEISPIEL:

Start:
Eingeben von RUN und Drücken der RETURN-Taste.

Wir betrachten ein Beispiel, in dem aus einer Urne mit 10 Kugeln (Eingabe von 10 über die Tastatur mit nachfolgendem Drücken der RETURN-Taste) eine Stichprobe vom Umfang $n = 5$ (Eingabe von 5 über die Tastatur mit nachfolgendem Drücken der RETURN-Taste) gezogen wird. Als "Anzahl der Erfolge in Grundgesamtheit beim 1. Versuch ?" wird 5 über die Tastatur mit nachfolgendem Drücken der RETURN-Taste eingegeben.
Als "Anzahl der hinzugefügten Einheiten je Versuch ?" wird 2 über die Tastatur mit nachfolgendem Drücken der RETURN-Taste eingegeben.

Variationen:
Die Pólya-Verteilung ist eine Verallgemeinerung der Binomialverteilung für $\nu = 0$. Zur Veranschaulichung gebe man folgendes Beispiel ein:
Umfang der Grundgesamtheit   100
Stichprobenumfang   10
Anzahl der Erfolge in Grundgesamtheit beim 1. Versuch   50
Anzahl der hinzugefügten Einheiten je Versuch   0

Man erhält dann als Ausgabe den gleichen Ausdruck wie im Programmbeispiel von PROGRAMM 2. Man beachte, daß hier der Bernoulli-Parameter p den Wert $1/2 = .5$ annimmt durch die Wahl der Werte 100 und 50.

Die Pólya-Verteilung ist aber auch eine Verallgemeinerung der hypergeometrischen Verteilung für $\nu=-1$. Da eine Eingabe von -1 über die INPUT-Anweisung nicht möglich ist, überschreibe man dann diese INPUT-Anweisung im Programm durch

210 NY=-1

und verwende zur Überprüfung folgendes Beispiel:

Umfang der Grundgesamtheit   49
Stichprobenumfang   6
Anzahl der Erfolge in Grundgesamtheit beim 1. Versuch   6

Man erhält dann als Ausgabe die auf drei Nachkommastellen gerundeten Werte des Programmbeispiels aus PROGRAMM 5.
Wenn die Rundungsfunktion so als störend angesehen wird, entferne man die Anweisung (130) und ersetze ihren Aufruf in (590) durch die Argumente bzw. man verändere die Rundungsfunktion nach eigenen Vorstellungen (siehe PROGRAMM 2).

AUSDRUCK DES PROGRAMMBEISPIELS:

```
Polya-Verteilung
----------------
Umfang der Grundgesamtheit  10
Stichprobenumfang  5
Anzahl der Erfolge in Grundgesamtheit beim 1.Versuch  5
Anzahl der hinzugefuegten Einheiten je Versuch  2

Anzahl der    Wahrschein-    Verteilungs-
Erfolge       lichkeit       funktion
----------------------------------------
   0           .093           .093
   1           .179           .272
   2           .228           .5
   3           .228           .728
   4           .179           .907
   5           .093          1
```

PROGRAMM 8: Polynomialverteilung

LADEANWEISUNG:
Das Programm wird geladen mit load"a:polynomv".

AUFGABE:
Die Polynomialverteilung (auch bekannt unter dem Namen Multinomialverteilung) ist eine Erweiterung der Binomialverteilung für Zufallsvariablen, die mehr als zwei Merkmalsausprägungen (Modalitäten) haben können. An Notation benötigen wir
m = Anzahl der Modalitäten ($m \geq 2$),
p_j = Anteil der Einheiten mit der j-ten Modalität in der Grundgesamtheit (j = 1, ..., m),
k_j = Anzahl der Einheiten mit der j-ten Modalität in der Stichprobe (j = 1, ..., m),
N = Umfang der Grundgesamtheit und
n = Stichprobenumfang.

Dann erhält man die Wahrscheinlichkeit, daß in n Versuchen genau k_1 Einheiten der 1. Modalität, k_2 Einheiten der 2. Modalität, ... und k_m Einheiten der m-ten Modalität auftreten, als

(8.1) $\dfrac{n!}{k_1! \cdot k_2! \cdot \ldots \cdot k_m!} \cdot p_1^{k_1} \cdot p_2^{k_2} \cdot \ldots \cdot p_m^{k_m}$.

Für den Spezialfall der Binomialverteilung (mit m = 2) ist wegen k_1 = k und k_2 = n - k zu beachten, daß $\binom{n}{k} = \dfrac{n!}{k! \cdot (n-k)!}$.

Für die p_j gilt

$$p_1 + p_2 + \ldots + p_m = 1$$

analog zur Binomialverteilung (dort war p + q = 1).
Im vorliegenden Programm soll k_1 variieren (wie das k der Binomialverteilung). Wegen

(8.2) $k_1 + k_2 + \ldots + k_m = n$

hat dies für vorgegebenen Stichprobenumfang n (dies ist hier ein Verteilungsparameter wie bei der Binomialverteilung) zur Folge, daß k_m, die Anzahl der Einheiten mit der letzten Modalität, bestimmt ist durch

$$k_m = n - k_1 - k_2 - \ldots - k_{m-1} .$$

Die Werte von $k_2, \ldots, k_{m-1}$ werden in jedem Berechnungsgang per INPUT-Anweisung vom Benutzer vorgegeben. k_1 durchläuft, bei Null beginnend, bis zu seinem Höchstwert aufgrund der Begrenzung (8.2) die Menge der natürlichen Zahlen in aufsteigender Ordnung. Entsprechend durchläuft k_m die gleichen Zahlenwerte als Restgröße in umgekehrter Richtung.
In weiteren Rechengängen hat der Benutzer die Möglichkeit, durch Neustart mit RUN (und anschließendem Drücken der RETURN-Taste) per INPUT-Anweisung für dieses n und beibehaltene Werte $p_1, \ldots, p_m$ nun die anderen Werte von $k_2, \ldots, k_{m-1}$ vorzugeben.
Prinzipiell ist die Polynomialverteilung nämlich eine diskrete multivariate Verteilung, so daß sich die Wahrscheinlichkeitssumme 1 erst ergibt, wenn für ein bestimmtes n und die vorgegebene Wahrscheinlichkeitsstruktur der Grundgesamtheit (Urnenmischung) die Variablen $k_1, \ldots, k_m$ alle möglichen Werte von 0 bis n durchlaufen haben.

LITERATUR:
Leiner, B.: Stichprobentheorie. R. Oldenbourg Verlag. München-
      Wien 1985, Abschnitt 2.7.1.

PROGRAMMBESCHREIBUNG:
(100)   Bildschirm wird gelöscht.
(110-120) Überschrift.
(130)   Rundungsfunktion (siehe PROGRAMM 2).
(140)   Der Benutzer wird aufgefordert, über die Tastatur
           (mit nachfolgendem Drücken der RETURN-Taste) die
           Anzahl der Versuche (Stichprobenumfang n) einzugeben.
(150)   Die Anzahl der Modalitäten (m) wird als Parameter mit
           der READ-Anweisung aus der ersten DATA-Anweisung (670)
           gelesen. Im Beispiel ist m = 3. Wünscht der Benutzer
           einen anderen Wert als 3 für m, so hat er in (670)
           die 3 durch seinen Wert zu überschreiben. Diese Art
           der Wertübergabe hat den Vorteil, daß öfters benötigte
           Werte nicht bei jedem Programmstart neu eingegeben
           werden müssen mit INPUT-Anweisungen.

PROGRAMM:

```
100 CLS
110 PRINT"Polynomialverteilung"
120 PRINT"--------------------"
130 DEF FN R(X)=INT(X*10000+.5)/10000
140 INPUT"Anzahl der Versuche ";N:PRINT
150 READ M:REM Anzahl der Modalitaeten
160 DIM W(N),WM(M),KR(M),FA(M)
170 PRINT"Modalitaet    Wahrscheinlichkeit"
180 PRINT"-------------------------------"
190 FOR I=1 TO M
200 READ WM(I)
210 PRINT I;TAB(12) WM(I)
220 NEXT I
230 IF M=2 GOTO 310
240 FOR I=2 TO M-1
250 PRINT:PRINT"Anzahl der Realisationen der"
260 PRINT I;
270 INPUT". Modalitaet";KR(I)
280 PRINT
290 SU=SU+KR(I)
300 NEXT I
310 MX=N-SU
320 FOR IM=0 TO MX
330 J=MX-IM
340 KR(1)=IM
350 KR(M)=J
360 NX=N
370 GOSUB 560
380 NF=FK
390 FOR LF=1 TO M
400 NX=KR(LF)
410 GOSUB 560
420 FA(LF)=FK
430 NEXT LF
440 BR=1
450 FOR I=1 TO M
460 BR=BR*(WM(I)^KR(I))/FA(I)
470 NEXT I
480 W(IM)=BR*NF
490 FOR I=1 TO M
500 PRINT KR(I);"Realisationen der";I;". Modalitaet"
510 NEXT I
520 PRINT"zugehoerige Wahrscheinlichkeit =";FN R(W(IM))
530 GOSUB 620
540 NEXT IM
550 END
560 REM Unterprogramm Fakultaet
570 FK=1
580 FOR L=1 TO NX
590 FK=FK*L
600 NEXT L
610 RETURN
620 REM Unterprogramm Leertaste
630 PRINT"Leertaste druecken"
640 A$=INKEY$:IF A$ <> " " THEN 640
650 RETURN
660 REM Anzahl der Modalitaeten
670 DATA 3
680 REM Wahrscheinlichkeiten fuer m Modalitaeten
690 DATA .1666667, .3333333, .5
```

(160)   Mit der DIM-Anweisung werden für die Variablen W, WM, KR und FA Speicher für die Feldvariablen (arrays) reserviert.
(170-180) Tabellenüberschrift.
(190-220) Die Wahrscheinlichkeiten WM(1) für p_1, ... , WM(M) für p_m werden in (200) mit der READ-Anweisung aus der DATA-Anweisung (690) gelesen. Die numerischen Werte, hier $.1666667 = \frac{1}{6}$ für p_1, $.3333333 = \frac{1}{3}$ für p_2 und $.5 = \frac{1}{2}$ für p_3 müssen in der DATA-Anweisung durch Komma getrennt werden.
Bei der Eingabe alternativer Werte eines anderen Beispiels ist außerdem darauf zu achten, daß
1. genausoviele Werte übergeben werden, wie Modalitäten (m) vereinbart wurden in (670),
2. daß die Werte mit der Genauigkeit des Rechners (hier 7 Nachkommastellen) eingegeben werden,
3. daß die Summe der Wahrscheinlichkeiten genau 1 ergibt.
Zur optischen Kontrolle werden die gelesenen Wahrscheinlichkeiten ausgegeben in (210).
(230)   Die nachfolgende Eingabe der Realisationswerte wird übersprungen, wenn m = 2 (Binomialverteilung).
(240-300) Mit der INPUT-Anweisung wird der Benutzer aufgefordert, Werte für k_2 , ..., k_{m-1} über die Tastatur mit nachfolgendem Drücken der RETURN-Taste einzugeben. Für m = 3 ist $k_2 = k_{m-1}$, so daß nur ein Wert eingegeben werden muß. In (290) wird die Summe dieser Werte gebildet.
(310)   MX ist der Maximalwert, den k_1 bzw. k_m annehmen können.
(320-540) Berechnung der Wahrscheinlichkeiten. Hierbei:
In (340) wird der aktuelle Wert von k_1 bestimmt.
In (350) wird der aktuelle Wert von k_m bestimmt.
Während k_1 von Ø bis MX steigt, fällt k_m von MX bis Ø.
In (370) wird mit GOSUB 560 das Unterprogramm Fakultät aufgerufen, das wegen (360) als Variable NX den Wert n übergibt und somit n! berechnet und danach den Wert von n! als Variable NF abspeichert. Entsprechend werden in (390-430) die Werte $k_j!$ berechnet und als Variablen FA(LF) abgespeichert.

	In (440-480) werden diese Werte mit den anderen Angaben zu den gesuchten Wahrscheinlichkeiten weiterverarbeitet entsprechend Formel (8.1).
	In (490-540) werden zunächst die Anzahl der Realisationen jeder Modalität ausgegeben und danach die zugehörige berechnete Wahrscheinlichkeit.
	Mit (530) erfolgt danach der Aufruf des Unterprogramms Leertaste.
	Mit Erreichen von (540) wird in der FOR-NEXT-Schleife von IM solange wieder mit einem um 1 erhöhten IM-Wert bei (320) begonnen, bis mit IM=MX der Maximalwert von k_1 erreicht ist.
(550)	Programmende.
(560-610)	Im Unterprogramm Fakultät wird aus dem übergebenen Wert von NX des Hauptprogramms NX! gebildet und mit FK an das Hauptprogramm zurückgegeben. Mit (610) RETURN wird das Unterprogramm verlassen.
(620-650)	Im Unterprogramm Leertaste erscheint zunächst die Mitteilung "Leertaste drücken" am Bildschirm. Solange die Leertaste nicht gedrückt wird, verbleibt das Programm wegen der IF-Anweisung in (640). Mit Drücken der Leertaste erfolgt wegen (650) die Rückkehr in das Hauptprogramm.
(670)	DATA-Anweisung für m.
(690)	DATA-Anweisung für die Wahrscheinlichkeiten p_1 , ..., p_m.

PROGRAMMBEISPIEL:

Start:

Eingeben von RUN und Drücken der RETURN-Taste.

Wir betrachten folgendes Beispiel (siehe Leiner: Stichprobentheorie (1985), S. 42):
Eine Urne enthält weiße, blaue und rote Kugeln. Der Anteil der weißen Kugeln beträgt $\frac{1}{6}$, der der blauen Kugeln $\frac{1}{3}$ und der der roten Kugeln $\frac{1}{2}$. 10 Ziehungen werden durchgeführt. Wird nun angegeben, daß von den 10 gezogenen Kugeln genau 4 blau waren, so berechnet das Programm für k_1 = 0, 1, ..., 6 bzw. für k_3 = 6, 5, ..., 0 die Wahrscheinlichkeiten für das Auftreten genau dieser Werte von k_1, k_2 und k_3, also zunächst für k_1 = 0,

$k_2 = 4$ und $k_3 = 6$ die zugehörige Wahrscheinlichkeit (auf 4 Nachkommastellen gerundet) von 0,0405, sodann für $k_1 = 1$, $k_2 = 4$ und $k_3 = 5$ die zugehörige Wahrscheinlichkeit von 0,0810 usw.

Variationen:
Selbst in diesem relativ einfachen Beispiel mit m = 3 und n = 10 hat der Benutzer einige Mühe, auf die Wahrscheinlichkeitssumme von 1 zu kommen, da er alternativ für k_2 alle Werte von Ø bis 10 eingeben muß ($k_2 = 4$ war nur einer von diesen 11 Fällen) und durch Drücken der Leertaste die möglichen k_1-, k_2- und k_3-Werte mit den zugehörigen Wahrscheinlichkeiten abruft.
Aufwendiger wird es für m >3 und/oder größeres n.
Vielleicht möchte sich der Benutzer auch vergewissern, daß mit diesem Programm tatsächlich die Binomialverteilung berechnet werden kann. Wenn er in der DATA-Anweisung (670) die 3 durch eine 2 überschreibt und die DATA-Anweisung (690) ersetzt durch

690DATA .5, .5

erhält er (mit wiederholtem Drücken der Leertaste) die Werte des Beispiels von PROGRAMM 2 (jetzt auf 4 Nachkommastellen gerundet).

AUSDRUCK DES PROGRAMMBEISPIELS:

```
Polynomialverteilung
--------------------
Anzahl der Versuche  10

Modalitaet    Wahrscheinlichkeit
-------------------------------
   1            .1666667
   2            .3333333
   3            .5

Anzahl der Realisationen der
 2 . Modalitaet 4

 0 Realisationen der 1 . Modalitaet
 4 Realisationen der 2 . Modalitaet
 6 Realisationen der 3 . Modalitaet
zugehoerige Wahrscheinlichkeit = .0405
 1 Realisationen der 1 . Modalitaet
 4 Realisationen der 2 . Modalitaet
 5 Realisationen der 3 . Modalitaet
zugehoerige Wahrscheinlichkeit = .081
```

```
2 Realisationen der 1 . Modalitaet
4 Realisationen der 2 . Modalitaet
4 Realisationen der 3 . Modalitaet
zugehoerige Wahrscheinlichkeit = .0675
3 Realisationen der 1 . Modalitaet
4 Realisationen der 2 . Modalitaet
3 Realisationen der 3 . Modalitaet
zugehoerige Wahrscheinlichkeit = .03
4 Realisationen der 1 . Modalitaet
4 Realisationen der 2 . Modalitaet
2 Realisationen der 3 . Modalitaet
zugehoerige Wahrscheinlichkeit = .0075
5 Realisationen der 1 . Modalitaet
4 Realisationen der 2 . Modalitaet
1 Realisationen der 3 . Modalitaet
zugehoerige Wahrscheinlichkeit = .001
6 Realisationen der 1 . Modalitaet
4 Realisationen der 2 . Modalitaet
0 Realisationen der 3 . Modalitaet
zugehoerige Wahrscheinlichkeit = .0001
```

PROGRAMM 9: Polyhypergeometrische Verteilung

LADEANWEISUNG:

Das Programm wird geladen mit load"a:polyhypv".

AUFGABE:

Die polyhypergeometrische Verteilung (auch bekannt unter dem Namen multihypergeometrische Verteilung) ist eine Erweiterung der hypergeometrischen Verteilung für Zufallsvariablen, die mehr als zwei Merkmalsausprägungen (Modalitäten) haben können. Wie die hypergeometrische Verteilung beruht die polyhypergeometrische Verteilung auf dem Ziehungsschema "ohne Zurücklegen", kann also als Gegenstück zur Polynomialverteilung angesehen werden (welche ihrerseits auf dem Ziehungsschema "mit Zurücklegen" beruht). An Notation benötigen wir:

m = Anzahl der Modalitäten,

K_j = Anzahl der Einheiten mit der j-ten Modalität in der Grundgesamtheit (j = 1, ..., m),

k_j = Anzahl der Einheiten mit der j-ten Modalität in der Stichprobe (j = 1, ..., m),

N = Umfang der Grundgesamtheit und
n = Stichprobenumfang.

Dann erhält man die Wahrscheinlichkeit, daß in n Versuchen genau k_1 Einheiten der 1. Modalität, k_2 Einheiten der 2. Modalität, ... und k_m Einheiten der m-ten Modalität beim Ziehen ohne Zurücklegen auftreten, als

(9.1) $$\frac{\binom{K_1}{k_1} \cdot \binom{K_2}{k_2} \cdot \ldots \cdot \binom{K_m}{k_m}}{\binom{N}{n}} .$$

Ist m = 2, so erhalten wir wegen $K_1 = K$, $K_2 = K_m = N - K$ und $k_2 = n - k$ die Formel der hypergeometrischen Verteilung. Für beliebiges m ($\geq$ 2) gilt nämlich in der Grundgesamtheit

(9.2) $K_1 + K_2 + \ldots + K_m = N$

und in der Stichprobe

(9.3) $k_1 + k_2 + \ldots + k_m = n.$

Im vorliegenden Programm soll k_1 variieren (wie das k der hypergeometrischen Verteilung). Wegen (9.3) hat dies für vorgegebenen Stichprobenumfang n zur Folge, daß k_m, die Anzahl der Einheiten der letzten Modalität, bestimmt ist durch

$$k_m = n - k_1 - k_2 - \ldots - k_{m-1} .$$

Die Werte von $k_2, \ldots, k_{m-1}$ werden in jedem Berechnungsgang per INPUT-Anweisung vom Benutzer vorgegeben. k_1 durchläuft, bei Null beginnend, bis zu seinem Höchstwert aufgrund der Begrenzung (9.3) die Menge der natürlichen Zahlen in aufsteigender Ordnung. Entsprechend durchläuft k_m die gleichen Zahlenwerte als Restgröße in umgekehrter Richtung.
In weiteren Rechengängen hat der Benutzer die Möglichkeit, durch Neustart mit RUN (und anschließendem Drücken der RETURN-Taste) per INPUT-Anweisung für diesen Wert von n und ebenfalls beibehaltene Werte von $K_1, \ldots, K_m$ für die Grundgesamtheit jetzt andere Werte von $k_2, \ldots, k_{m-1}$ vorzugeben, um alle Wahrscheinlichkeitssituationen dieser Struktur zu ermitteln. Prinzipiell ist auch die polyhypergeometrische Verteilung eine dis-

krete multivariate Verteilung, so daß sich die Wahrscheinlichkeitssumme 1 erst ergibt, wenn für ein bestimmtes n und die vorgegebene Wahrscheinlichkeitsstruktur der Grundgesamtheit vor der 1. Ziehung (K_1, ..., K_m) die k_1, ..., k_m der Stichprobe alle möglichen Werte von 0 bis n durchlaufen haben. Diese Verteilung eignet sich besonders für Wahrscheinlichkeitsprobleme in Kartenspielen (wegen des Ziehens ohne Zurücklegen), z.B. Poker und Skat, ist jedoch auch für die Stichprobentechnik von größerer Bedeutung.

LITERATUR:
Leiner, B.: Stichprobentheorie. R. Oldenbourg Verlag. München-
        Wien 1985, Abschnitt 2.7.2.

PROGRAMM:

```
100 CLS
110 PRINT"Polyhypergeometrische Verteilung"
120 PRINT"-------------------------------"
130 DEF FN R(X)=INT(X*10000+.5)/10000
140 READ NG:REM Umfang der Grundgesamtheit
150 PRINT"Umfang der Grundgesamtheit =";NG
160 READ NS:REM Stichprobenumfang
170 PRINT"Stichprobenumfang =";NS
180 READ M:REM Anzahl der Modalitaeten
190 DIM W(NS),KG(M),KS(M),BI(M)
200 PRINT"Modalitaet    Anzahl der Einheiten"
210 PRINT"              in der Grundgesamtheit"
220 PRINT"-----------------------------------"
230 FOR I=1 TO M
240 READ KG(I):REM Anzahl der Einheiten der i-ten Modalitaet in der GG
250 PRINT I; TAB(15) KG(I)
260 NEXT I
270 IF M=2 THEN 320
280 FOR I=2 TO M-1
290 PRINT:PRINT"Anzahl der Realisationen der"
291 PRINT I;
292 INPUT". Modalitaet in der Stichprobe";KS(I)
293 PRINT
300 SU=SU+KS(I)
310 NEXT I
320 NX=NS-SU
330 FOR IN=0 TO NX
340 JN=NX-IN
350 KS(1)=IN
360 KS(M)=JN
370 FOR I=1 TO M
375 PRINT KS(I);"Realisationen der";I;". Modalitaet"
380 NEXT I
390 PRINT"zugehoerige Wahrscheinlichkeit =";
```

```
400 OS=NG
410 US=NS
420 GOSUB 570
430 BN=1/FK
440 FOR I=1 TO M
450 OS=KG(I)
460 US=KS(I)
470 GOSUB 570
480 BI(I)=FK
490 BN=BN*BI(I)
500 NEXT I
510 W(IN)=BN
520 PRINT FN R(W(IN))
540 GOSUB 640
550 NEXT IN
560 END
570 REM Unterprogramm binom. Koeffizient
580 FK=1
590 IF US=0 THEN 630
600 FOR IB=1 TO US
610 FK=FK*(OS-IB+1)/IB
620 NEXT IB
630 RETURN
640 REM Unterprogramm Leertaste
650 PRINT"Leertaste druecken!"
660 P$=INKEY$:IF P$<>" " THEN 660
670 RETURN
680 REM Umfang der Grundgesamtheit
690 DATA 50
700 REM Stichprobenumfang
710 DATA 5
720 REM Anzahl der Modalitaeten in der Grundgesamtheit
730 DATA 4
740 REM Anzahl der Einheiten der einzelnen Modalitaeten in GG
750 DATA 10, 30, 3, 7
```

PROGRAMMBESCHREIBUNG:

(100)   Bildschirm wird gelöscht.

(110-120) Überschrift.

(130)   Rundungsfunktion (siehe PROGRAMM 2).

(140)   Von der ersten DATA-Anweisung (720) wird der Umfang der Grundgesamtheit NG gelesen.

(150)   NG wird zur Kontrolle ausgegeben.

(160-170) Von der zweiten DATA-Anweisung (740) wird der Stichprobenumfang NS gelesen und zur Kontrolle ausgegeben.

(180)   Von der dritten DATA-Anweisung (760) wird die Anzahl der Modalitäten M gelesen.

(190)   Mit der DIM-Anweisung werden für die Variablen W, KG, KS und BI Speicher für die Feldvariablen (arrays) reserviert.

(200-220) Tabellenüberschrift.
(230-260) Mit der READ-Anweisung (240) werden von der DATA-Anweisung (780) die jeweiligen Anzahlen K_j der Einheiten der Modalitäten gelesen und mit der Anweisung (250) zur Kontrolle ausgegeben.
Die numerischen Werte müssen in der DATA-Anweisung durch Komma getrennt werden. Bei der Eingabe alternativer Werte eines anderen Beispiels ist außerdem darauf zu achten, daß
1. genausoviele Werte übergeben werden wie Modalitäten (m) vereinbart wurden in (760),
2. daß die Anzahlen K_j natürliche Zahlen sind und
3. daß die Summe der K_j den Umfang NG der Grundgesamtheit ergibt.
(270) Die nachfolgende Eingabe der Realisationswerte wird übersprungen, wenn m = 2 (hypergeometr. Verteilung).
(280-340) Mit der INPUT-Anweisung wird der Benutzer aufgefordert, Werte für k_2, ..., k_{m-1} über die Tastatur mit nachfolgendem Drücken der RETURN-Taste einzugeben. Für m = 3 ist $k_2 = k_{m-1}$, so daß nur ein Wert eingegeben werden muß. In (330) wird die Summe dieser Werte gebildet.
(350) NX ist der Maximalwert, den k_1 bzw. k_m annehmen können.
(360-580) Berechnung der Wahrscheinlichkeiten. Hierbei:
In (380) wird der aktuelle Wert von k_1 bestimmt.
In (390) wird der aktuelle Wert von k_m bestimmt.
Während k_1 von ∅ bis NX steigt, fällt k_m von NX bis ∅.
In (400-420) werden zunächst die Anzahl der Realisationen jeder Modalität ausgegeben und sodann die zugehörigen Wahrscheinlichkeiten mit (430) und (560). Hierzu wird das Unterprogramm für die binomischen Koeffizienten (600) zunächst für den Nennerterm mit (460) aufgerufen und danach in der Schleife (480-540) für die Zählerterme mit (510).
Mit (570) erfogt dann der Aufruf des Unterprogramms Leertaste (670).
Mit Erreichen von (580) wird in der Schleife von IN solange wieder mit einem um 1 erhöhten IN-Wert bei (360) begonnen, bis mit IN = NX der Maximalwert von k_1 erreicht ist.
(590) Programmende.

(600-660) Unterprogramm zur Berechnung der binomischen Koeffizienten. Die vom Hauptprogramm übernommenen Werte OS und US dienen zur Berechnung des Binoms FK = $\binom{OS}{US}$, das dann dem Hauptprogramm übergeben wird und dort als geeignete Variable abgespeichert werden kann.
(670-700) Unterprogramm Leertaste (siehe PROGRAMM 8).
(720) DATA-Anweisung für NG.
(740) DATA-Anweisung für NS.
(760) DATA-Anweisung für M.
(780) DATA-Anweisung für die KG(I) (d.h. für die K_j).

PROGRAMMBEISPIEL:
Start:
Eingeben von RUN und Drücken der RETURN-Taste.

Wir betrachten folgendes Beispiel: In einer Siedlung wohnen 50 Personen, von denen 10 ledig, 30 verheiratet, 3 geschieden und 7 verwitwet sind. Eine Stichprobe von 5 Personen soll gebildet werden. Wenn eine der in die Stichprobe gelangten Personen verheiratet und eine geschieden ist, wie groß ist dann die Wahrscheinlichkeit, daß die 3 anderen Personen ledig oder verwitwet sind?
Nach Eingabe von 1 über die Tastatur mit anschließendem RETURN auf die Frage "Anzahl der Realisationen der 2. Modalität in der Stichprobe ?" und nochmals 1 über die Tastatur mit anschließendem RETURN auf die Frage "Anzahl der Realisationen der 3. Modalität in der Stichprobe ?" erhält man für die Kombination $k_1 = 0$, $k_2 = 1$, $k_3 = 1$, $k_4 = 3$ die zugehörige Wahrscheinlichkeit 0,0015. Nach Drücken der Leertaste erhält man für die Kombination $k_1 = 1$, $k_2 = 1$, $k_3 = 1$, $k_4 = 2$ die zugehörige Wahrscheinlichkeit 0,0089. Weiteres Drücken der Leertaste liefert für die Kombination $k_1 = 2$, $k_2 = 1$, $k_3 = 1$, $k_4 = 1$ die zugehörige Wahrscheinlichkeit 0,0134. Mit nochmaligem Drücken der Leertaste erscheint für die Kombination $k_1 = 3$, $k_2 = 1$, $k_3 = 1$, $k_4 = 0$ die zugehörige Wahrscheinlichkeit 0,0051 am Bildschirm.
Die Summe dieser Wahrscheinlichkeiten (sie lautet 0,0289) wäre dann die gesuchte Wahrscheinlichkeit dafür, daß in die Stichprobe genau eine verheiratete und eine verwitwete Person gelangen.

Variationen:

Der Benutzer kann, da die Wahrscheinlichkeiten abgespeichert sind, für derartige Fragestellungen selbst Summen dieser Art nach Wunsch programmieren für den Ausdruck.

Wie im PROGRAMM 8 sind Variationen von m und n möglich, hier jedoch nur durch Überschreiben der entsprechenden DATA-Anweisungen.

Vielleicht möchte sich auch hier der Benutzer vergewissern, daß mit diesem Programm die hypergeometrische Verteilung berechnet werden kann. Durch die neuen DATA-Anweisungen

```
720 DATA 49
740 DATA 6
760 DATA 2
780 DATA 6, 43
```

erhält man den Ausdruck des Beispiels von PROGRAMM 5 (mit jeweiligem Drücken der Leertaste. Die Rundung erfolgt auf 4 Nachkommastellen.)

AUSDRUCK DES PROGRAMMBEISPIELS:

```
Polyhypergeometrische Verteilung
--------------------------------
Umfang der Grundgesamtheit = 50
Stichprobenumfang = 5
Modalitaet     Anzahl der Einheiten
               in der Grundgesamtheit
-----------------------------------
    1               10
    2               30
    3                3
    4                7

Anzahl der Realisationen der
 2 . Modalitaet in der Stichprobe 1

Anzahl der Realisationen der
 3 . Modalitaet in der Stichprobe 1

 0 Realisationen der 1 . Modalitaet
 1 Realisationen der 2 . Modalitaet
 1 Realisationen der 3 . Modalitaet
 3 Realisationen der 4 . Modalitaet
zugehoerige Wahrscheinlichkeit =
 .0015
```

```
1 Realisationen der 1 . Modalitaet
1 Realisationen der 2 . Modalitaet
1 Realisationen der 3 . Modalitaet
2 Realisationen der 4 . Modalitaet
zugehoerige Wahrscheinlichkeit =
.0089

2 Realisationen der 1 . Modalitaet
1 Realisationen der 2 . Modalitaet
1 Realisationen der 3 . Modalitaet
1 Realisationen der 4 . Modalitaet
zugehoerige Wahrscheinlichkeit =
.0134

3 Realisationen der 1 . Modalitaet
1 Realisationen der 2 . Modalitaet
1 Realisationen der 3 . Modalitaet
0 Realisationen der 4 . Modalitaet
zugehoerige Wahrscheinlichkeit =
.0051
```

PROGRAMM 10: Normalverteilung

LADEANWEISUNG:
Das Programm wird geladen mit load"a:normal".

AUFGABE:
Mittels einer vom Computer durchgeführten Integration soll die Fläche unter der Standardnormalverteilung berechnet werden und eine Tabelle angelegt werden.
Es werden symmetrische Intervalle um den Erwartungswert Null gebildet, wobei gilt

$$\phi(k) = F(k) - F(-k),$$

wenn $F(k) = W(X \leq k)$ den Wert der Verteilungsfunktion an der oberen Intervallgrenze und $F(-k) = W(X \leq -k)$ den Wert der Verteilungsfunktion an der unteren Intervallgrenze angeben.
So besagt z.B.

$$\phi(1) = 0,6827 ,$$

daß zwischen den Wendepunkten der Standardnormalverteilung (an den Stellen k = -1 und k =1) rd. 68% der Wahrscheinlichkeitsmasse dieser Verteilung eingeschlossen sind.

Der verwendete Algorithmus und die hierzu benötigten Konstanten beruhen auf einem Approximationspolynom 5. Grades. Weitere Details findet man in Abramowitz und Stegun auf Seite 932.

LITERATUR:
Abramowitz, M. und I.A. Stegun: Handbook of Mathematical Functions. Dover Publications. New York 1968.
Leiner, B.: Einführung in die Statistik. R. Oldenbourg Verlag. München-Wien 1988, Abschnitt 8.8.

PROGRAMM:

```
100 CLS
110 PRINT"Flaeche unter der Normalverteilung"
120 PRINT"-------------------------------"
130 DEF FN R(X)=INT (X*RD+.5)/RD
140 PI=3.141593
150 P=.2316419
160 B1=.3193815
170 B2=-.3565638
180 B3=1.781478
190 B4=-1.821256
200 B5=1.330274
210 REM Koeffizientenwerte aus Abramowitz und Stegun (Handbook of math. funct.),
220 REM S. 932
230 INPUT"Wieviele Nachkommastellen Genauigkeit (höchstens 7 NKStellen)";NK
240 PRINT
250 RD=1
260 FOR J=1 TO NK
270 RD=RD*10
280 NEXT J
290 INPUT"Hoechstes Sigma-Aequivalent (Beispiel: 3)";SG
300 INPUT"Schrittweite (Beispiel: .1)";SW
310 Y=0
320 PRINT"Phi(";Y;")=";W
330 FOR I=1 TO INT(SG/SW)
340 Y=Y+SW
350 T=1/(1+P*Y)
360 W=B1*T+B2*T^2+B3*T^3+B4*T^4+B5*T^5
370 W=W*EXP(-Y*Y/2)/SQR(2*PI)
380 W=1-2*W
390 PRINT"Phi(";Y;")=";FN R(W)
400 NEXT I
410 END
```

PROGRAMMBESCHREIBUNG:
- (100)   Bildschirm wird gelöscht.
- (110-120) Überschrift.
- (130)   Rundungsfunktion (siehe PROGRAMM 2). Diesmal bestimmt der Benutzer mit der INPUT-Anweisung (230) die gewünschte Genauigkeit.
- (140-220) Neben der Zahl π benötigt das Programm die in Abramowitz und Stegun (1968), S. 932 ausgewiesenen Konstanten.
- (230-280) Der Commodore 40AT arbeitet mit 7 Nachkommastellen Genauigkeit. Der Benutzer gibt eine natürliche Zahl NK ($\leq$ 7) über die Tastatur mit anschließendem Drücken der RETURN-Taste ein, die die ausgedruckte Genauigkeit bestimmt. Berechnet wird in jedem Fall mit der maximalen Genauigkeit des Rechners.
- (290)   Das vom Benutzer eingegebene höchste Sigma-Äquivalent bestimmt den höchsten Tabellenwert. So bedeutet SG = 3, daß bis zum Dreifachen der Standardabweichung tabelliert wird.
- (300)   Der Benutzer bestimmt mit der Schrittweite die Feinheit der Tabellierung. Ein Wert SW = 0,1 der Schrittweite bedeutet also, daß die Abszissenwerte um 0,1 erhöht werden, d.h. daß alle 0,1 Einheiten ein Tabellenwert ermittelt wird.
- (310-400) Die Berechnung beginnt in (310) mit dem Abszissenwert y = 0, dem in (320) die ausgegebene Wahrscheinlichkeit Null zukommt (da das Intervall hier zu einem Punkt mit Wahrscheinlichkeitsmasse Null degeneriert). In (330) wird mit INT(SG/SW) die Zahl der zu berechnenden Wahrscheinlichkeitswerte als Obergrenze für die FOR-NEXT-Schleife vorgegeben. In dieser Schleife wird Y stets um SW erhöht und in (350-360) die Berechnung nach Abramowitz und Stegun durchgeführt, wobei der so berechnete Wert von W in (370) mit dem Funktionswert der Dichte an der Stelle y multipliziert wird. In (380) erfogt die Umrechnung für die beidseitige Tabellierung. In (390) werden die Tabellenwerte ausgedruckt.
- (410)   Programmende.

PROGRAMMBEISPIEL:

Start:
Eingeben von RUN und Drücken der RETURN-Taste.

Das Programmbeispiel entspricht den Vorschlägen, die der Benutzer durch die INPUT-Anweisungen erhält, wobei 4 Nachkommastellen ausgegeben wurden. Der Benutzer kann die ausgegebenen Werte mit der Tabelle A1 in Leiner (1988) vergleichen. Es sind dort die 31 ersten Werte der 1. Spalte zu betrachten (wobei dort 6 Nachkommastellen angegeben sind).

Variationen:
Möchte man die gesamte Tabelle aus Leiner (1988) erhalten, so ist das höchste Sigma-Äquivalent auf 5 zu erhöhen und die Schrittweite auf .01 zu verkleinern. Möchte man die gleichen Nachkommastellen an Genauigkeit, so ist zuvor der Wert von 6 ebenfalls über die Tastatur mit anschließendem Drücken der RETURN-Taste einzugeben.

Natürlich kann der Benutzer Programmteile in eigene Programme einbauen, wenn er jeweils nur einen Wert der Tabelle benötigt. Im Vergleich zu anderen Integrationsprogrammen zeichnet sich dieses Programm durch eine relativ kurze Rechenzeit aus.

AUSDRUCK DES PROGRAMMBEISPIELS:

Flaeche unter der Normalverteilung

Wieviele Nachkommastellen Genauigkeit (höchstens 7 NKStellen) 4

Hoechstes Sigma-Aequivalent (Beispiel: 3) 3
Schrittweite (Beispiel: .1) .1
Phi(0)= 0
Phi(.1)= .0797
Phi(.2)= .1585
Phi(.3)= .2358
Phi(.4)= .3108
Phi(.5)= .3829
Phi(.6)= .4515
Phi(.7)= .5161
Phi(.8)= .5763
Phi(.9)= .6319
Phi(1)= .6827
Phi(1.1)= .7287
Phi(1.2)= .7699
Phi(1.3)= .8064
Phi(1.4)= .8385
Phi(1.5)= .8664
Phi(1.6)= .8904
Phi(1.7)= .9109
Phi(1.8)= .9281
Phi(1.9)= .9426
Phi(2)= .9545
Phi(2.1)= .9643
Phi(2.2)= .9722
Phi(2.3)= .9786
Phi(2.4)= .9836
Phi(2.5)= .9876
Phi(2.6)= .9907
Phi(2.7)= .9931
Phi(2.8)= .9949
Phi(2.9)= .9963
Phi(3)= .9973

PROGRAMM 11: t-Verteilung

LADEANWEISUNG:
Das Programm wird geladen mit load"a:tvert".

AUFGABE:
Mit diesem Programm sollen die Werte der Dichtefunktion der t-Verteilung berechnet werden. Diese eignen sich für Plotprogramme oder als Funktionswerte für Integrationsprogramme dieser Verteilung. Einzigster Parameter der t-Verteilung ist ν, die Anzahl der Freiheitsgrade. Die Dichtefunktion lautet

$$(11.1) \qquad f(t) = \frac{1}{B(\frac{1}{2}, \frac{\nu}{2}) \cdot \sqrt{\nu}} \cdot (1 + \frac{t^2}{\nu})^{-\frac{\nu+1}{2}},$$

wobei für die Betafunktion gilt

$$(11.2) \qquad B(\frac{1}{2}, \frac{\nu}{2}) = \frac{\Gamma(\frac{1}{2}) \cdot \Gamma(\frac{\nu}{2})}{\Gamma(\frac{\nu+1}{2})},$$

während für die Gammafunktion die Rekursion gilt

$$(11.3) \qquad \Gamma(n+1) = n \cdot \Gamma(n),$$

so daß wir für natürliche n wegen $\Gamma(1) = 1$ nunmehr erhalten

$$(11.4) \qquad \Gamma(n+1) = n!$$

Im übrigen gilt $\Gamma(\frac{1}{2}) = \sqrt{\pi}$. Zur Programmierung wurden eigene Fallstudien verwendet.
Für $\underline{\nu = 1}$ erhält man aus (11.1) die Dichtefunktion

$$(11.5) \qquad f(t) = \frac{1}{\pi \cdot (1 + t^2)}.$$

Für $\nu > 1$ ist weiter zu unterscheiden zwischen geraden und ungeraden ν:

Für <u>gerade</u> ν erhält man aus (11.1) nach einiger Rechnerei die Dichtefunktion

$$(11.6) \quad f(t) = \frac{(\nu - 1)!}{[(\frac{\nu}{2} - 1)!]^2 \cdot 2^{\nu-1} \cdot \sqrt{\nu}} \cdot (1 + \frac{t^2}{\nu})^{-\frac{\nu+1}{2}}.$$

Für <u>ungerade</u> ν erhält man entsprechend aus (11.1) die Dichtefunktion

$$(11.7) \quad f(t) = \frac{(\frac{\nu-1}{2})! \cdot (\frac{\nu-3}{2})! \cdot 2^{\nu-2}}{\pi \cdot (\nu - 2)! \cdot \sqrt{\nu}} \cdot (1 + \frac{t^2}{\nu})^{-\frac{\nu+1}{2}}.$$

In dieser Form kann die Dichtefunktion mittels eines Unterprogramms zur Berechnung der Fakultäten programmiert werden.

LITERATUR:
Leiner, B.: Einführung in die Statistik. 3. Aufl., R. Oldenbourg Verlag. München-Wien 1988, 11. Kapitel.

PROGRAMM:

```
100 CLS
110 PRINT"t-Verteilung"
120 PRINT"------------"
130 DEF FN R(X)=INT(X*10000+.5)/10000
140 PI=3.141593
150 INPUT"Anzahl der Freiheitsgrade ";NY
160 PRINT
170 TH=3:REM hoechster t-Wert
180 SW=.1:REM Schrittweite
190 N=2*INT(TH/SW):REM Anzahl der Punkte
200 DIM X(2*N+1),Y(2*N+1)
210 IF NY>1 THEN 380
220 FOR J=0 TO TH STEP SW
230 I=J/SW
240 X(I)=-TH+J
250 T=-TH+J
260 Y(I)=1/(PI*(1+T*T))
270 IX=INT(T/SW+.5)*SW
280 PRINT"y(";FN R(IX);")=";FN R(Y(I))
290 NEXT J
300 FOR J=SW TO TH STEP SW
310 I=(TH+J)/SW
320 X(I)=J
330 T=J
340 Y(I)=1/(PI*(1+T*T))
350 PRINT"y(";FN R(J);")=";FN R(Y(I))
360 NEXT J
370 GOTO 880
380 IF INT(NY/2)=NY/2 THEN 400
390 GOTO 630
```

```
400 REM ny gerade
410 NF=NY-1
420 GOSUB 890
430 M1=FK
440 NF=NY/2-1
450 GOSUB 890
460 M2=FK
470 F1=M1/(M2*M2*2^(NY-1)*SQR(NY))
480 FOR J=0 TO TH STEP SW
490 I=J/SW
500 X(I)=-TH+J
510 T=-TH+J
520 Y(I)=F1*(1+T*T/NY)^(-(NY+1)/2)
530 IX=INT(T/SW+.5)*SW
540 PRINT"y(";FN R(IX);")=";FN R(Y(I))
550 NEXT J
560 FOR J=SW TO TH STEP SW
570 I=(TH+J)/SW
580 X(I)=J:T=J
590 Y(I)=F1*(1+T*T/NY)^(-(NY+1)/2)
600 PRINT"y(";FN R(J);")=";FN R(Y(I))
610 NEXT J
620 END
630 REM ny ungerade
640 NF=(NY-1)/2
650 GOSUB 890
660 M3=FK
670 NF=(NY-3)/2
680 GOSUB 890
690 M4=FK
700 NF=NY-2
710 GOSUB 890
720 M5=FK
730 F2=(M3*M4*2^(NY-2))/(M5*PI*SQR(NY))
740 FOR J=0 TO TH STEP SW
750 I=J/SW
760 X(I)=-TH+J
770 T=-TH+J
780 Y(I)=F2*(1+T*T/NY)^(-(NY+1)/2)
790 IX=INT(T/SW+.5)*SW
800 PRINT"y(";FN R(IX);")=";FN R(Y(I))
810 NEXT J
820 FOR J=SW TO TH STEP SW
830 PRINT"y(";FN R(IX);")=";FN R(Y(I))
840 X(I)=J:T=J
850 Y(I)=F2*(1+T*T/NY)^(-(NY+1)/2)
860 PRINT"y(";FN R(J);")=";FN R(Y(I))
870 NEXT J
880 END
890 REM Unterprogramm Fakultaet
900 FK=1
910 IF NF=0 THEN 950
920 FOR IB=1 TO NF
930 FK=FK*IB
940 NEXT IB
950 RETURN
```

PROGRAMMBESCHREIBUNG:

(100)	Bildschirm wird gelöscht.
(110-120)	Überschrift.
(130)	Rundungsfunktion (siehe PROGRAMM 2).
(140)	Die Zahl π wird mit 7 Stellen Genauigkeit vereinbart.
(150)	Der Benutzer legt die Anzahl der Freiheitsgrade fest.
(170)	Als höchster t-Wert wird TH = 3 vereinbart. Wünscht der Benutzer eine weitere Tabellierung, so muß er 3 durch den gewünschten Wert im Programm überschreiben.
(180)	Eine Schrittweite von 0,1 wird vereinbart. Durch Überschreiben kann der Benutzer andere Werte der Schrittweite festlegen. Natürlich könnten die Anweisungen (170) bzw. (180) auch als INPUT-Anweisungen programmiert werden für die Variablen TH bzw. SW.
(190)	Die Anzahl der betrachteten Punkte (die t-Verteilung ist symmetrisch um Null) wird aus TH und SW errechnet.
(200)	Mit der DIM-Anweisung werden für die Koordinaten Feldvariablen (Vektoren) reserviert.
(210)	Sprunganweisung für $\nu > 1$.
(220-370)	Berechnungen und Ausgabe der Werte für $\nu = 1$. In zwei separaten Schleifen werden zunächst die Werte für negative t und sodann für positive t ausgegeben, wie sie z.B. für ein Plotprogramm benötigt werden.
(380)	Sprunganweisung für gerade ν.
(390)	Sprunganweisung für ungerade ν.
(400-620)	Berechnung und Ausgabe der Werte für gerade ν. Das Unterprogramm zur Berechnung der Fakultäten wird verwendet. Zwei separate Schleifen für negative und positive t.
(630-880)	Berechnung und Ausgabe der Werte für ungerade ν. Das Unterprogramm zurBerechnung der Fakultäten wird verwendet. Zwei separate Schleifen für negative und positive t.
(890-950)	Das Unterprogramm Fakultät berechnet mit dem vom Hauptprogramm erhaltenen Wert NF für die Anzahl der Faktoren den Wert von FK und übergibt diesen Wert an das Hauptprogramm zurück, wo er von der dortigen Variablen übernommen werden kann.

PROGRAMMBEISPIEL:

Start:

Eingeben von RUN und Drücken der RETURN-Taste.

Das Programmbeispiel berechnet für $\nu = 16$ mit einer Schrittweite von 0,1 die Ordinaten der Punkte von t = -3 bis t = 3. An der Stelle t=0 erhält man den Maximalwert 0,3928 dieser Glockenkurve (ähnlich der der Standardnormalverteilung, die an der Stelle Null den Wert 0,3989 erreicht). Man überzeuge sich, indem man PRINT 1/(SQR(2∗3.141593)) eingibt. Wieviel leichter die Standardnormalverteilung zu programmieren ist (im Vergleich zur t-Verteilung) erkennt man im übrigen an

$$Y = (1/(SQR(2*3.141593)))*EXP(-.5*X*X) ,$$

wenn X für die Abszissenwerte steht.

Variationen:

Da gerade die Plotprogramme an die Graphik-Routinen der einzelnen Rechner gebunden sind, wurde wegen der allgemeineren Verwendbarkeit dieses Programmes auf den Ausdruck eines Plotprogrammes verzichtet. Für den geübten Programmierer bereitet es keine Schwierigkeiten, die hier gespeicherten Koordinaten X und Y in ein Plotprogramm zu übernehmen.
Interessante Variationen ergeben sich im übrigen für unterschiedliche Anzahlen von Freiheitsgraden.

AUSDRUCK DES PROGRAMMBEISPIELS:

```
t-Verteilung
-----------
Anzahl der Freiheitsgrade   16

  y(-3  )= .0088
  y(-2.9 )= .0108
  y(-2.8 )= .0132
  y(-2.7 )= .0162
  y(-2.6 )= .0196
  y(-2.5 )= .0238
  y(-2.4 )= .0288
  y(-2.3 )= .0346
  y(-2.2 )= .0415
  y(-2.1 )= .0496
  y(-2  )= .0589
```

```
y(-1.9 )= .0697
y(-1.8 )= .0819
y(-1.7 )= .0958
y(-1.6 )= .1112
y(-1.5 )= .1284
y(-1.4 )= .1471
y(-1.3 )= .1673
y(-1.2 )= .1888
y(-1.1 )= .2114
y(-1  )= .2346
y(-.9 )= .2581
y(-.8 )= .2814
y(-.7 )= .3039
y(-.6 )= .3251
y(-.5 )= .3443
y(-.4 )= .3609
y(-.3 )= .3745
y(-.2 )= .3845
y(-.1 )= .3907
y( 0  )= .3928
y( .1 )= .3907
y( .2 )= .3845
y( .3 )= .3745
y( .4 )= .3609
y( .5 )= .3443
y( .6 )= .3251
y( .7 )= .3039
y( .8 )= .2814
y( .9 )= .2581
y( 1  )= .2346
y( 1.1 )= .2114
y( 1.2 )= .1888
y( 1.3 )= .1673
y( 1.4 )= .1471
y( 1.5 )= .1284
y( 1.6 )= .1112
y( 1.7 )= .0958
y( 1.8 )= .0819
y( 1.9 )= .0697
y( 2  )= .0589
y( 2.1 )= .0496
y( 2.2 )= .0415
y( 2.3 )= .0346
y( 2.4 )= .0288
y( 2.5 )= .0238
y( 2.6 )= .0196
y( 2.7 )= .0162
y( 2.8 )= .0132
y( 2.9 )= .0108
y( 3  )= .0088
```

PROGRAMM 12: χ^2-Verteilung

LADEANWEISUNG:
Das Programm wird geladen mit load"a:chi".

AUFGABE:
Mit diesem Programm sollen die Werte der Dichtefunktion der
χ^2-Verteilung berechnet werden. Diese eignen sich für Plotprogramme oder als Funktionswerte für Integrationsprogramme dieser Verteilung. Einzigster Parameter der χ^2-Verteilung ist ν,
die Anzahl der Freiheitsgrade. Die Dichtefunktion lautet für
nicht-negative Werte von χ^2

$$(12.1) \qquad f(\chi^2) = \frac{1}{2^{\frac{\nu}{2}} \cdot \Gamma(\frac{\nu}{2})} \cdot e^{-\frac{\chi^2}{2}} \cdot (\chi^2)^{\frac{\nu}{2}-1} ,$$

wobei für die Gammafunktion die Beziehungen (11.3) und (11.4)
gelten. Auch hier wurden eigene Fallstudien verwendet.
Für <u>gerade</u> ν erhält man aus (12.1) die Dichtefunktion

$$(12.2) \qquad f(\chi^2) = \frac{1}{2^m \cdot (m-1)!} \cdot e^{-\frac{\chi^2}{2}} \cdot (\chi^2)^{m-1}$$

mit $m = \frac{\nu}{2}$ und wegen $\Gamma(m) = (m-1)!$

Für <u>ungerade</u> ν erhält man aus (12.1) nach einiger Rechnerei
die Dichtefunktion

$$(12.3) \qquad f(\chi^2) = \frac{(\nu-1)!}{2^{\frac{\nu-1}{2}} \cdot (\frac{\nu-1}{2})! \cdot \sqrt{\pi}} \cdot e^{-\frac{\chi^2}{2}} \cdot (\chi^2)^{\frac{\nu}{2}-1} .$$

In dieser Form kann die Dichtefunktion mittels eines Unterprogramms zur Berechnung der Fakultäten programmiert werden.

LITERATUR:
Leiner, B.: Einführung in die Statistik. 3. Aufl., R. Oldenbourg
    Verlag. München-Wien 1988, 11. Kapitel.

PROGRAMM:

```
100 CLS
110 PRINT"Chi-Quadrat-Verteilung"
120 PRINT"---------------------"
130 PI=3.14159
140 INPUT"Anzahl der Freiheitsgrade ny";NY
150 INPUT"Hoechster Chi-Quadrat-Wert";JM
160 INPUT"Schrittweite 1 oder .5 oder .1";SW
170 PRINT
180 M=NY/2
190 DIM Y(250),X(250)
200 IF INT(M)=M THEN 220
210 GOTO 310
220 NF=M-1
230 GOSUB 570
240 M1=FK
250 FOR J=0 TO JM STEP SW
260 I=J/SW
270 X(I)=J
280 Y(I)=(J^(M-1))/(2^M*M1*EXP(J/2))
290 NEXT J
300 GOTO 480
310 NF=NY-1
320 GOSUB 570
330 N1=FK
340 N3=(NY-1)/2
350 NF=N3
360 GOSUB 570
370 N2=FK
380 FOR J=0 TO JM STEP SW
390 I=J/SW
400 X(I)=J
410 IF NY=1 THEN 430
420 GOTO 440
430 IF J=0 THEN 460
440 Y(I)=N1/(N2*(2^N3)*SQR(2*PI))
450 Y(I)=Y(I)*(J^((NY-2)/2))/EXP(J/2)
460 NEXT J
470 GOTO 480
480 FOR J=0 TO JM STEP SW
490 I=J/SW
500 IF NY=1 THEN 520
510 GOTO 540
520 IF J=0 THEN PRINT"f(0) = unendlich"
530 IF J=0 GOTO 550
540 PRINT"f(";J;")=";Y(I)
550 NEXT J
560 END
570 REM Unterprogramm Fakultaet
580 FK=1
590 IF NF=0 THEN 630
600 FOR IB=1 TO NF
610 FK=FK*IB
620 NEXT IB
630 RETURN
```

PROGRAMMBESCHREIBUNG:
(100)   Bildschirm wird gelöscht.
(110-120)   Überschrift.
(130)   Die Zahl π wird vereinbart.
(140)   Der Benutzer legt die Anzahl der Freiheitsgrade fest.
(150)   Der Benutzer bestimmt den größten Abszissenwert.
(160)   Der Benutzer bestimmt die Schrittweite.
(180) $m = \frac{\nu}{2}$.
(190)   Mit der DIM-Anweisung werden für maximal 250 Koordinaten (Erhöhen durch Überschreiben) Feldvariablen (Vektoren) reserviert.
(200)   Sprunganweisung für gerade ν.
(210)   Sprunganweisung für ungerade ν.
(220-300)   Berechnung der Werte für gerade ν. Verwendung des Unterprogramms Fakultät.
(310-470)   Berechnung der Werte für ungerade ν. Verwendung des Unterprogramms Fakultät. Vermeidung einer Division mit Null für den Fall $\nu = 1$ und $j = \emptyset$ durch (410) und (430).
(480-550)   Ausgabe der Werte. Besonderer Ausdruck für den Fall $\nu = 1$ und $j = \emptyset$ durch (500) und (520).
(560)   Programmende.
(570-630)   Unterprogramm Fakultät (siehe PROGRAMM 11).

PROGRAMMBEISPIEL:
Start:
Eingeben von RUN und Drücken der RETURN-Taste.

Das Programmbeispiel berechnet für $\nu = 5$ die Werte der Dichtefunktion bis zum Wert $\chi^2 = 20$ mit einer Schrittweite von 1.
Es ist zu beachten, daß die χ^2-Verteilung nur im 1. Quadranten definiert ist.

Variationen:
Für $\nu = 1$ strebt die Dichte an der Stelle $\chi^2 = 0$ gegen unendlich. Mit zunehmendem χ^2 strebt die Dichte für $\nu = 1$ monoton fallend gegen die Abszisse.
Für $\nu = 2$ nimmt die Dichte an der Stelle $\chi^2 = 0$ den Wert $\frac{1}{2}$ an und strebt mit zunehmendem χ^2 monoton fallend gegen die Abszisse.

Für $\nu > 2$ ergibt sich der typische Verlauf der Dichte der χ^2-Verteilung, wie er auch am Programmbeispiel erkennbar ist, d.h. $f(\chi^2) = 0$ für $\chi^2 = 0$, danach monotoner Anstieg bis zum Maximum, schließlich monotones Fallen bis zur Abszisse.
Wie im vorhergehenden Programm lassen die abgespeicherten Koordinaten sich in ein Plotprogramm übernehmen.

AUSDRUCK DES PROGRAMMBEISPIELS:

```
Chi-Quadrat-Verteilung
----------------------
Anzahl der Freiheitsgrade ny 5
Hoechster Chi-Quadrat-Wert 20
Schrittweite 1 oder .5 oder .1 1

f( 0 )= 0
f( 1 )= .7259125
f( 2 )= 1.245323
f( 3 )= 1.387624
f( 4 )= 1.295783
f( 5 )= 1.098374
f( 6 )= .8757392
f( 7 )= .6693416
f( 8 )= .4960079
f( 9 )= .3589797
f( 10 )= .2550111
f( 11 )= .1784436
f( 12 )= .1233209
f( 13 )= 8.433978E-02
f( 14 )= .0571692
f( 15 )= 3.845564E-02
f( 16 )= 2.569542E-02
f( 17 )= 1.706874E-02
f( 18 )= .0112795
f( 19 )= 7.419329E-03
f( 20 )= 4.859948E-03
```

PROGRAMM 13: Momente einer Zufallsvariablen

LADEANWEISUNG:
Das Programm wird geladen mit load"a:moment".

AUFGABE:
Für eine Zufallsvariable X mit Merkmalsausprägungen (Modalitäten) x_i und Wahrscheinlichkeiten $p_i = W(X = x_i)$; $i=1,\ldots,n$ sollen die ersten vier <u>gewöhnlichen Momente</u>

(13.1) $\quad \mu_k = E(X^k) = \sum_{i=1}^{n} x_i^k \cdot p_i \quad ; \; k = 1,\ldots,4$

sowie die ersten vier <u>zentralen Momente</u>

(13.2) $\quad m_k = E\{[X - E(X)]^k\} = \sum_{i=1}^{n} [x_i - E(X)]^k \cdot p_i ; \; k=1,\ldots,4$

berechnet werden.

Für den Fall einer diskreten Gleichverteilung berechnet das Programm die p_i ($i=1,\ldots,n$).

LITERATUR:
Leiner, B.: Einführung in die Statistik. 3. Aufl., R. Oldenbourg Verlag. München-Wien 1988, Abschnitt 7.3.

PROGRAMMBESCHREIBUNG:
- (100)   Bildschirm wird gelöscht.
- (110-120) Überschrift.
- (130)   Von der ersten DATA-Anweisung (560) wird die Anzahl n der Modalitäten gelesen.
- (140)   Mit der DIM-Anweisung werden für die Variablen X, P und M Speicher für die Feldvariablen (arrays) reserviert.
- (150-170) Von der zweiten DATA-Anweisung (580) werden die Modalitäten gelesen.

PROGRAMM:

```
100 CLS
110 PRINT"Momente einer Zufallsvariablen"
120 PRINT"-----------------------------"
130 READ N:REM Anzahl der Modalitaeten
140 DIM X(N),P(N),M(N)
150 FOR I=1 TO N
160 READ X(I)
170 NEXT I
180 PRINT"Gleichverteilung (j/n) ";
190 INPUT G$
200 IF G$="n" THEN 260
210 FOR I=1 TO N
220 P(I)=1/N
230 S=S+P(I)
240 NEXT I
250 GOTO 300
260 FOR I=1 TO N
270 READ P(I)
280 S=S+P(I)
290 NEXT I
300 PRINT:PRINT"Summe der Wahrscheinlichkeiten =";S
310 PRINT:PRINT"Modalitaet    Wahrscheinlichkeit"
320     PRINT"-----------------------------"
330 FOR I=1 TO N
340 PRINT X(I); TAB(15) P(I)
350 NEXT I
360 PRINT
370 FOR J=1 TO 4
380 FOR I=1 TO N
390 M(J)=M(J)+X(I)^J*P(I)
400 NEXT I
410 PRINT J;
420 IF K=0 THEN PRINT". gewoehnliches ";
430 IF K=1 THEN PRINT". zentrales ";
440 PRINT"Moment =";M(J)
450 NEXT J
460 FOR I=1 TO N
470 X(I)=X(I)-M(1)
480 NEXT I
490 FOR J=1 TO 4
500 M(J)=0
510 NEXT J
520 K=K+1
530 IF K=1 THEN 360
540 END
550 REM Anzahl der Modalitaeten
560 DATA 6
570 REM Modalitaeten
580 DATA 1, 2, 3, 4, 5, 6
590 REM Wahrscheinlichkeiten
600 DATA .5, .25, 0, .125, 0, .125
```

(180-190) Der Benutzer antwortet auf die Frage "Gleichverteilung (j/n) ?" durch Eingabe von j bzw. n über die Tastatur mit nachfolgendem Drücken der RETURN-Taste.
(200)   Sprunganweisung, falls keine Gleichverteilung gewünscht wird.
(210-250) Im Falle der Gleichverteilung werden die Wahrscheinlichkeiten $p_i = \frac{1}{n}$ für i = 1, ..., n berechnet in (220). In (230) wird ihre Summe gebildet.
(260-290) Falls keine Gleichverteilung gewünscht wird, werden die p_i von der dritten DATA-Anweisung (600) gelesen in (270) und in (280) ihre Summe gebildet.
(300-350) Zur Kontrolle werden die Summe der Wahrscheinlichkeiten, die den Wert 1 ergeben sollte, sowie die Wahrscheinlichkeiten ausgegeben.
(370-450) Berechnung und Ausgabe der ersten vier gewöhnlichen Momente (K = 0).
(460-480) Berechnung der Abweichung der Modalitäten von ihrem Erwartungswert.
(490-510) Nullsetzen der Speicher für die ersten vier Momente.
(520)   K erhält den Wert 1.
(530)   Sprungbefehl für K = 1, d.h. mit den Abweichungen werden die ersten vier zentralen Momente nach dem gleichen Algorithmus berechnet wie zuvor die ersten vier gewöhnlichen Momente und als "zentrale" Momente ausgegeben (wegen K = 1).
(540)   Im zweiten Durchgagn erhält K den Wert 2, so daß das Programmende erreicht wird.
(560)   DATA-Anweisung für die Anzahl der Modalitäten.
(580)   DATA-Anweisung für n Modalitäten, die durch Komma zu trennen sind.
(600)   DATA-Anweisung für n Wahrscheinlichkeiten, die durch Komma zu trennen sind.

PROGRAMMBEISPIEL:

Start:

Eingeben von RUN und Drücken der RETURN-Taste.

Aus den Angaben

x_i	1	2	3	4	5	6
p_i	$\frac{1}{2}$	$\frac{1}{4}$	0	$\frac{1}{8}$	0	$\frac{1}{8}$

erhält man den Erwartungswert $E(X) = \mu_1 = 2\frac{1}{4}$, das 2. gewöhnliche Moment $\mu_2 = 8$, das 3. gewöhnliche Moment $\mu_3 = 37\frac{1}{2}$ und das 4. gewöhnliche Moment $\mu_4 = 198\frac{1}{2}$.

Für jede Zufallsvariable ist das 1. zentrale Moment m_1 gleich Null. Als Varianz (2. zentrales Moment) ergibt sich ein Wert von 2,9375. Nach der Zerlegungsregel gilt nämlich $m_2 = \mu_2 - (\mu_1)^2$ und somit $m_2 = 8 - (\frac{9}{4})^2 = 8 - \frac{81}{16} = 2\frac{15}{16}$.

Variationen:
Man kann mit dem Programm für dieselben Modalitäten mit der Gleichverteilung arbeiten und erhält die Momente der Zufallsvariablen, die der Augenzahl beim einmaligen Werfen eines Würfels zuzuordnen ist.

Das Programm läßt sich nach Belieben weiter ausbauen. So erreicht man z.B. die Berechnung und Ausgabe der Standardabweichung durch

```
531 SG=SQR(M(2))
532 PRINT "Standardabweichung =";SG
```

Mit dieser und M(3) bzw. M(4) lassen sich weiter die Pearsonschen Maße für Schiefe und Wölbung errechnen und ausgeben:

```
533 PRINT "Schiefemass =";  M(3)/(SG^3)
534 PRINT "Woelbung =";  (M(4)/(SG^4))-3
```

Um hierbei zu vermeiden, daß die Speicher M(3) und M(4) auf Null gesetzt werden, ist außerdem

485 IF K=1 GOTO 520 einzufügen.

Für die Gleichverteilung als symmetrische Verteilung erhält man dann das Schiefemaß Null und ein negatives Wölbungsmaß, da die Gleichverteilung flacher ist als die Normalverteilung, die zur Standardisierung des Pearsonschen Wölbungsmaßes dient.

AUSDRUCK DES PROGRAMMBEISPIELS:

```
Momente einer Zufallsvariablen
------------------------------
Gleichverteilung (j/n) n

Summe der Wahrscheinlichkeiten = 1

Modalitaet    Wahrscheinlichkeit
------------------------------
   1             .5
   2             .25
   3            0
   4             .125
   5            0
   6             .125

1 . gewoehnliches Moment =   2.25
2 . gewoehnliches Moment =   8
3 . gewoehnliches Moment =  37.5
4 . gewoehnliches Moment = 198.5

1 . zentrales Moment =  0
2 . zentrales Moment =  2.9375
3 . zentrales Moment =  6.28125
4 . zentrales Moment = 27.11328
```

PROGRAMM 14: Gruppierte Daten

LADEANWEISUNG:
Das Programm wird geladen mit load"a:gruppdat".

AUFGABE:
Für n Beobachtungen $x_1, \ldots, x_n$ sollen der Mittelwert (arithmetisches Mittel)

$$(14.1) \qquad \bar{x} = \frac{1}{n} \cdot (x_1 + \ldots + x_n),$$

die Varianz (modifizierte Stichprobenvarianz)

(14.2) $\quad \tilde{s}^2 = \dfrac{1}{n-1} \sum\limits_{i=1}^{n} (x_i - \bar{x})^2$

und die Standardabweichung $\tilde{s}$ als positive Quadratwurzel der Varianz berechnet werden.

Für eine vom Benutzer zu bestimmende Klassenbildung soll die Häufigkeitsverteilung ermittelt werden.

LITERATUR:
Leiner, B.: Einführung in die Statistik. 3. Aufl., R. Oldenbourg Verlag. München-Wien 1988, Kapitel 3 und Abschnitt 13.2.

PROGRAMM:

```
100 CLS
110 PRINT"Gruppierte Daten"
120 PRINT"----------------"
130 DEF FN R(X)=INT(X*10000+.5)/10000
140 READ N
150 PRINT N;"Beobachtungen"
160 PRINT
170 DIM X(N)
180 FOR I=1 TO N
190 READ X(I)
200 NEXT I
210 PRINT"Beobachtungswerte:"
220 PRINT"------------------"
230 FOR I=1 TO N
240 PRINT X(I);
250 S=S+X(I)
260 S2=S2+X(I)*X(I)
270 NEXT I
280 AM=S/N
290 VA=(S2-S*S/N)/(N-1)
300 PRINT:PRINT:PRINT
310 PRINT"Mittelwert ="; FN R(AM)
320 PRINT
330 PRINT"Varianz ="; FN R(VA)
340 PRINT
350 SA=SQR(VA)
360 PRINT"Standardabweichung ="; FN R(SA)
370 PRINT:PRINT
380 PRINT"Klassenbildung (j/n mit RETURN eingeben)";
390 INPUT K$
400 PRINT
410 IF K$="n" THEN END
```

```
420 REM Maximum und Minimum
430 MX=X(1)
440 MI=X(1)
450 FOR J=2 TO N
460 IF X(J)>MX THEN MX=X(J)
470 IF X(J)<MI THEN MI=X(J)
480 NEXT J
490 PRINT"Minimalwert =";MI
500 PRINT
510 PRINT"Maximalwert =";MX
520 PRINT
530 INPUT"Obergrenze der kleinsten Klasse ";OG
540 PRINT
550 INPUT"Klassenbreite ";KB
560 UG=OG-KB:REM Untergrenze der kleinsten Klasse
570 IF UG>MI THEN PRINT"Untergrenze ist groesser als Minimalwert!":GOTO 540
580 IF OG<MI THEN PRINT"Obergrenze ist kleiner als Minimalwert!":GOTO 540
590 AK=INT((MX-UG)/KB)+1:REM Anzahl der Klassen
600 DIM XU(AK),XO(AK),HK(AK)
610 FOR J=1 TO AK
620 XU(J)=UG+(J-1)*KB:REM Klassenuntergrenze
630 XO(J)=XU(J)+KB:REM Klassenobergrenze
640 NEXT J
650 FOR I=1 TO N
660 FOR J=1 TO AK
670 IF X(I)>XU(J) THEN 690
680 GOTO 700
690 IF X(I)<=XO(J) THEN HK(J)=HK(J)+1:GOTO 700
700 NEXT J
710 NEXT I
720 PRINT:PRINT
730 PRINT"Haeufigkeitsverteilung"
740 PRINT"---------------------"
750 PRINT"Werte";TAB(20)"Haeufigkeit"
760 PRINT"---------------------------"
770 FOR J=1 TO AK
780 PRINT XU(J)+1;"bis";XO(J);"   ";TAB(22) HK(J)
790 NEXT J
800 PRINT"---------------------------"
810 PRINT"Insgesamt";TAB(22) N
820 REM Anzahl der Beobachtungen
830 DATA 59
840 REM Beobachtungen
850 DATA 186,189,179,177,169,160,174,183,184,163
860 DATA 185,173,178,178,187,194,176,174,173,173
870 DATA 166,155,160,162,165,182,170,170,190,178
880 DATA 178,165,168,166,163,163,171,184,191,184
890 DATA 171,168,165,183,181,178,184,186,189,170
900 DATA 173,184,160,166,181,186,163,165,173
```

PROGRAMMBESCHREIBUNG:
(100)   Bildschirm wird gelöscht.
(110-120)   Überschrift.
(130)   Rundungsfunktion (siehe PROGRAMM 2).
(140-160)   Die Anzahl n der Beobachtungen wird von der ersten DATA-Anweisung (830) gelesen und zur Kontrolle ausgegeben.
(170)   Mit der DIM-Anweisung werden für die Variable X Speicher für die Feldvariablen (Vektor der Beobachtungen) reserviert.
(180-200)   Die Beobachtungen werden von den DATA-Anweisungen (850)-(900) gelesen.
(210-220)   Tabellenüberschrift.
(230-270)   Die Beobachtungen werden zur Kontrolle ausgegeben, ihre Summe (S) sowie die Summe der Quadrate der Beobachtungen gebildet (S2).
(280)   Berechnung des arithmetischen Mittels AM.
(290)   Berechnung der Varianz VA (Diese Formel kommt mit wenigen Divisionen aus und erzielt daher eine größere Rechengenauigkeit).
(300-340)   Ausgabe der gerundeten Werte des Mittels und der Varianz.
(350)   Berechnung der Standardabweichung.
(360-370)   Ausgabe des gerundeten Werts der Standardabweichung.
(380-390)   Der Benutzer entscheidet, ob Klassen gebildet werden sollen.
(410)   Gibt der Benutzer das Symbol n über die Tastatur mit nachfolgendem Drücken der RETURN-Taste ein, so endet das Programm.
(420-520)   Die kleinste und die größte Beobachtung werden ermittelt und ausgegeben.
(530)   Unter Berücksichtigung der kleinsten Beobachtung bestimmt der Benutzer die Obergrenze OG der kleinsten Klasse.
(550)   Anschließend legt der Benutzer die Klassenbreite KB fest.
(560)   Die Untergrenze UG der kleinsten Klasse wird aus OG und KB berechnet.
(570)   Ist UG größer als der kleinste Wert, so wird eine Fehlermeldung ausgegeben.

(580)   Ist OG kleiner als der kleinste Wert, so erfolgt
          ebenfalls eine Fehlermeldung.
(590)   Die Anzahl der Klassen wird ermittelt.
(600)   Mit der DIM-Anweisung werden für die Variablen XU,
          XO und HK für die Feldvariablen (arrays) Speicher
          angelegt.
(610-640) Für jede Klasse werden Ober- und Untergrenze be-
          rechnet.
(650-710) Beobachtungen, die größer als die Untergrenze und
          nicht größer als die Obergrenze einer Klasse sind,
          erhöhen die Häufigkeit dieser Klasse um 1.
(720-810) Ausgabe der Häufigkeitsverteilung.
(830)   DATA-Anweisung für die Anzahl der Beobachtungen.
(850-900) DATA-Anweisungen für die Beobachtungen. Es ist zu
          beachten, daß die Beobachtungen durch Komma getrennt
          sind.

PROGRAMMBEISPIEL:

Start:
Eingeben von RUN und Drücken der RETURN-Taste.

Das Körpergröße-Beispiel aus Leiner (1988), Tabelle 2.1 (Seite 12) mit den Körpergrößen von 59 Heidelberger Studierenden wurde für dieses Programm verwendet. Mit den gewählten Werten zur Klassenbildung ergibt sich die Häufigkeitsverteilung in Leiner (1988), Tabelle 2.4 (Seite 15).

Variationen:
Der Benutzer kann durch Eingabe anderer Parameter (OG und KB) beliebig Klassen bilden, z.B. mit der Klassenbreite 10 arbeiten. Durch Überschreiben der Beobachtungswerte des Programms mit den Beobachtungswerten eines eigenen Beispiels lassen sich diese auswerten. Hierbei ist darauf zu achten, daß die DATA-Anweisung (830) auf die neue Anzahl der Beobachtungen zu ändern ist.
Reellwertige Beobachtungen (z.B. der Wert 18,6) sind in geeigneter Form einzugeben (im Beispiel als 18.6) und ebenfalls durch Komma voneinander zu trennen.
Mittels der Graphik-Routinen des jeweiligen Computers kann mit diesen Angaben ein Histogramm erstellt werden (Häufigkeiten bestimmen Höhen der Rechtecke, KB bestimmt deren Breite).

AUSDRUCK DES PROGRAMMBEISPIELS:

Gruppierte Daten
----
59 Beobachtungen

Beobachtungswerte:

```
186  189  179  177  169  160  174  183  184  163  185  173  178  178  187  194
176  174  173  173  166  155  160  162  165  182  170  170  190  178  178  165
168  166  163  163  171  184  191  184  171  168  165  183  181  178  184  186
189  170  173  184  160  166  181  186  163  165  173
```

Mittelwert = 174.7797

Varianz = 91.1056

Standardabweichung = 9.5449

Klassenbildung (j/n mit RETURN eingeben) ? j

Minimalwert = 155

Maximalwert = 194

Obergrenze der kleinsten Klasse?   155

Klassenbreite? 5

Haeufigkeitsverteilung

Werte	Haeufigkeit
151 bis 155	1
156 bis 160	3
161 bis 165	9
166 bis 170	9
171 bis 175	9
176 bis 180	8
181 bis 185	11
186 bis 190	7
191 bis 195	2
Insgesamt	59

PROGRAMM 15: Geburtstagsprobleme

LADEANWEISUNG:
Das Programm wird geladen mit load"a:geburttg".

AUFGABE:
Die Wahrscheinlichkeit, daß 2 Personen am gleichen Wochentag Geburtstag haben, errechnet sich mit $\frac{1}{7}\cdot\frac{1}{7}\cdot 7$ aufgrund anzunehmender Unabhängigkeit und weil jeder der 7 Wochentage der betreffende Tag sein kann. Umgekehrt haben mit Wahrscheinlichkeit $\frac{7}{7}\cdot\frac{6}{7} = \frac{6}{7}$ zwei Personen <u>nicht</u> am gleichen Wochentag Geburtstag. Von 3 Personen hat mit Wahrscheinlichkeit $\frac{7}{7}\cdot\frac{6}{7}\cdot\frac{5}{7} = \frac{30}{49}$ keiner am gleichen Tag Geburtstag. Also haben von 3 Personen mit Wahrscheinlichkeit $1 - \frac{30}{49} = \frac{19}{49}$ mindestens zwei am gleichen Tag Geburtstag.

Von n Personen (n < 8) haben mit Wahrscheinlichkeit

$$(15.1) \quad 1 - \frac{7\cdot 6\cdot\ldots\cdot(7-n+1)}{7^n} = 1 - \frac{7!}{7^n \cdot (7-n)!}$$

mindestens zwei am gleichen Wochentag Geburtstag.

Das Programm berechnet die Wahrscheinlichkeiten, mit denen aus einer Gruppe von n Personen mindestens zwei
       a) am gleichen Tag,
       b) im gleichen Monat oder
       c) am gleichen Wochentag
Geburtstag haben.

LITERATUR:
Leiner, B.: Einführung in die Statistik. 3. Aufl., R. Oldenbourg Verlag. München-Wien 1988, Abschnitt 8.3.
Menges, G.: Grundriß der Statistik. Teil 1: Theorie. Westdeutscher Verlag. Köln-Opladen 1972, Abschnitt 29.4.

PROGRAMM:

```
100 CLS
110 PRINT"Geburtstagsproblem"
120 PRINT"------------------"
130 PRINT"Fuer eine Gruppe von Personen seien"
140 PRINT"die Geburtsdaten ermittelbar."
150 N=2
160 PRINT:PRINT
170 PRINT"Sie erhalten die Wahrscheinlichkeiten,"
180 PRINT"dass mindestens 2 Personen"
190 PRINT"    am gleichen Tag      (t)"
200 PRINT"    im gleichen Monat    (m)"
210 PRINT"    am gleichen Wochentag (w)"
220 PRINT"Geburtstag haben."
230 PRINT:PRINT
240 PRINT"Geben Sie t, m oder w mit RETURN ein!"
250 INPUT G$
260 PRINT"--------------------------------"
270 PRINT:PRINT
280 IF G$="t" THEN K=365:PRINT"gleicher Tag"
290 IF G$="m" THEN K=12:PRINT"gleicher Monat"
300 IF G$="w" THEN K=7:PRINT"gleicher Wochentag"
310 PRINT:PRINT
320 PRINT"Gruppen-      Wahrscheinlichkeit fuer"
330 PRINT"groesse       mindestens 2 ueberein-"
340 PRINT"(Personen)    stimmende Geburtstage"
350 PRINT"--------------------------------"
360 P=1
370 FOR I=K-1 TO K-N+1 STEP -1
380 P=P*I/K
390 NEXT I
400 PRINT N;TAB(15) 1-P
410 IF N=K THEN PRINT K+1;TAB(15)"1":END
420 IF P<.0000001 THEN PRINT N+1;TAB(15)"1":END
430 N=N+1
440 GOTO 360
```

PROGRAMMBESCHREIBUNG:

(100)   Bildschirm wird gelöscht.

(110-140) Überschrift.

(150)   N, die Gruppengröße, beginnt bei 2 Personen.

(160-230) Menu.

(240-250) Der Benutzer bestimmt durch Eingabe von t, m oder w mit anschließendem Drücken der RETURN-Taste, ob der Geburtstag am gleichen Tag des Jahres, im gleichen Monat oder am gleichen Wochentag übereinstimmen soll.

(260-310) Je nach Eingabe erfolgt die Ausgabe und die Festlegung des Wertes von K.

(320-350) Tabellenüberschrift.

(360-390) Berechnung der komplementären Wahrscheinlichkeit.
(400)   Ausgabe der gesuchten Wahrscheinlichkeit je nach Gruppengröße.
(410)   Programmende, wenn die Gruppengröße mit K übereinstimmt und Ausdruck der Wahrscheinlichkeit 1 für die Gruppengröße K+1.
(420)   Programmende, wenn aufgrund der Rechengenauigkeit des Rechners der gerundete Wahrscheinlichkeitswert 1 ergibt. Bei größerer Genauigkeit als 7 Nachkommastellen ist diese Anweisung zu entfernen.
(430)   Die Gruppengröße wird um 1 erhöht.
(440)   Rücksprung zur Anweisung (360).

PROGRAMMBEISPIEL:

Start:
Eingeben von RUN und Drücken der RETURN-Taste.

Variationen:
Wählt man w, so zeigt die Ausgabe, daß z.B. in einer Gruppe von 5 Personen mit einer Wahrscheinlichkeit von rd. 85% mindestens zwei am gleichen Wochentag Geburtstag haben.
Wählt man m, so sieht man, daß z.B. in einer Gruppe von 8 Personen mindestens zwei mit Wahrscheinlichkeit von rd. 95% im gleichen Monat Geburtstag haben.
Wählt man t, so zeigt sich, daß z.B. in einer Gruppe von 40 Personen mit einer Wahrscheinlichkeit von rd. 89% mindestens zwei Personen am gleichen Tag des Jahres Geburtstag haben.

AUSDRUCK DER PROGRAMMBESIPIELE:

Geburtstagsproblem

Fuer eine Gruppe von Personen seien
die Geburtsdaten ermittelbar.

Sie erhalten die Wahrscheinlichkeiten,
dass mindestens 2 Personen
     am gleichen Tag   (t)
     im gleichen Monat   (m)
     am gleichen Wochentag (w)
Geburtstag haben.

```
Geben Sie t, m oder w mit RETURN ein!
w
-----------------------------------


gleicher Wochentag


Gruppen-        Wahrscheinlichkeit fuer
groesse         mindestens 2 ueberein-
(Personen)      stimmende Geburtstage
-------------------------------------
    2              .1428571
    3              .3877551
    4              .6501458
    5              .8500625
    6              .9571607
    7              .9938801
    8             1



Geburtstagsproblem
------------------
Fuer eine Gruppe von Personen seien
die Geburtsdaten ermittelbar.


Sie erhalten die Wahrscheinlichkeiten,
dass mindestens 2 Personen
      am gleichen Tag       (t)
      im gleichen Monat     (m)
      am gleichen Wochentag (w)
Geburtstag haben.


Geben Sie t, m oder w mit RETURN ein!
m
-----------------------------------


gleicher Monat


Gruppen-        Wahrscheinlichkeit fuer
groesse         mindestens 2 ueberein-
(Personen)      stimmende Geburtstage
-------------------------------------
    2             8.333331E-02
    3              .2361111
    4              .4270833
    5              .6180556
    6              .7771991
    7              .8885995
    8              .9535831
    9              .9845277
   10              .9961319
   11              .9993553
   12              .9999462
   13             1
```

```
Geben Sie t, m oder w mit RETURN ein!
t
-----------------------------------
```

gleicher Tag

Gruppen-groesse (Personen)	Wahrscheinlichkeit fuer mindestens 2 uebereinstimmende Geburtstage		
2	2.739728E-03	56	.9883323
3	8.204103E-03	57	.9901224
4	1.635581E-02	58	.991665
5	2.713549E-02	59	.9929894
6	4.046238E-02	60	.9941226
7	5.623561E-02	61	.9950888
8	7.433522E-02	62	.9959096
9	9.462374E-02	63	.9966044
10	.1169481	64	.9971905
11	.1411414	65	.9976831
12	.1670248	66	.9980957
13	.1944103	67	.99844
14	.2231025	68	.9987264
15	.2529013	69	.9989636
16	.283604	70	.9991596
17	.3150076	71	.9993208
18	.3469114	72	.9994528
19	.3791185	73	.9995608
20	.4114384	74	.9996486
21	.4436883	75	.9997199
22	.4756953	76	.9997774
23	.5072972	77	.9998238
24	.5383442	78	.9998609
25	.5686997	79	.9998907
26	.5982408	80	.9999143
27	.6268592	81	.9999331
28	.6544614	82	.9999479
29	.6809685	83	.9999596
30	.7063163	84	.9999688
31	.7304546	85	.999976
32	.7533475	86	.9999816
33	.7749718	87	.9999859
34	.7953168	88	.9999892
35	.8143832	89	.9999919
36	.8321821	90	.9999938
37	.848734	91	.9999954
38	.8640678	92	.9999966
39	.8782197	93	.9999974
40	.8912318	94	.9999981
41	.9031516	95	.9999986
42	.9140305	96	.9999989
43	.9239228	97	.9999992
44	.9328854	98	.9999994
45	.9409759	99	.9999995
46	.9482528	100	.9999996
47	.9547744	101	.9999997
48	.960598	102	.9999998
49	.9657796	103	.9999999
50	.9703736	104	.9999999
51	.974432	105	1
52	.9780045		
53	.9811381		
54	.9838769		
55	.9862622		

II. Stichprobentechnik

PROGRAMM 16: Systematische Auswahl

LADEANWEISUNG:
Das Programm wird geladen mit load"a:systausw".

AUFGABE:
Die systematische Auswahl ist als Stichprobenverfahren eine technische Variante der Zufallsauswahl. Aus N Einheiten der Grundgesamtheit sollen n Einheiten ausgewählt werden. Die N Einheiten der Grundgesamtheit müssen hierbei in numerierter Form vorliegen, d.h. jeder Einheit wird eineindeutig eine der Zahlen von 1 bis N zugeordnet. Werden die Einheiten dabei nach einem Merkmal entsprechend ihrer Größe in aufsteigender Reihe geordnet, so ist das Verfahren bezüglich dieses Merkmals selbstgewichtend, d.h. alle Größenordnungen sind entsprechend dem Auswahlsatz $f = \frac{n}{N}$ in der Stichprobe vertreten.

Die Auswahl der ersten Einheit erfolgt mit Hilfe von Zufallszahlen aus den ersten $\frac{N}{n}$ Einheiten. Im Abstand $\frac{N}{n}$ werden die nachfolgenden Einheiten ausgewählt.

LITERATUR:
Leiner, B.: Stichprobentheorie. R. Oldenbourg Verlag. München-Wien 1985, Kapitel 4.

PROGRAMM:

```
100 CLS
110 PRINT"Systematische Auswahl"
120 PRINT"--------------------"
130 INPUT"Umfang der Grundgesamtheit";NG
140 INPUT"Auswahlsatz (z.B. .1)";F
150 DIM X(1000)
160 Y=1/F
170 RANDOMIZE TIMER
180 X(1)=INT(RND(1)*Y)+1
190 N=1
200 PRINT
210 PRINT"Ausgewaehlte Einheiten:"
220 PRINT"-----------------------"
230 PRINT X(1);
240 FOR I=2 TO NG
250 X(I)=X(I-1)+Y
260 IF X(I)>NG THEN 310
270 PRINT X(I);
280 IF INT(I/10)=I/10 THEN PRINT
290 N=N+1
300 NEXT I
310 PRINT:PRINT:PRINT"Stichprobenumfang =";N
320 END
```

PROGRAMMBESCHREIBUNG:

- (100)   Bildschirm wird gelöscht.
- (110-120) Überschrift.
- (130)   Der Benutzer übergibt über die Tastatur (mit anschließendem Drücken der RETURN-Taste)den Umfang NG der Grundgesamtheit (d.h. die Anzahl der Einheiten der Population).
- (140)   Ebenso wird der Auswahlsatz F eingegeben, d.h. der Anteil der Einheiten, die in die Stichprobe gelangen sollen (Man gibt z.B. 10% als .1 über die Tastatur mit anschließendem Drücken der RETURN-Taste ein).
- (150)   Mit der DIM-Anweisung werden für maximal 1000 Einheiten Speicher für die Feldvariablen (arrays) reserviert (Bei Bedarf durch Überschreiben erhöhen).
- (160-180) Die erste Einheit wird mit Zufallszahlen ausgewählt (siehe PROGRAMM 1).
- (190)   Die Anzahl der ausgewählten Einheiten N, wird - bei 1 beginnend - dann vom Programm bestimmt.
- (200-220) Tabellenüberschrift.
- (230)   Die Nr. der ersten Einheit wird ausgegeben.

(240-300) Im Abstand $\frac{1}{F}$ werden nachfolgende Einheiten aufgrund ihrer Nr. ausgewählt und ihre Nr. ausgegeben. Mit Anweisung (260) wird die Schleife beendet, wenn die Nr. den Umfang NG der Grundgesamtheit überschreitet. Mit Anweisung (290) wird die Anzahl der ausgewählten Einheiten gezählt.

(310) Ausgabe des Stichprobenumfangs N (der sich aus NG×F ergibt).

(320) Programmende.

PROGRAMMBEISPIEL:

Start:
Eingabe von RUN und Drücken der RETURN-Taste.

Aus einer Grundgesamtheit von 1000 Einheiten soll mit einem Auswahlsatz von 10% (Eingabe als .1 über die Tastatur mit nachfolgendem Drücken der RETURN-Taste) ausgewählt werden. Im Beispiel gelangte von den ersten 10 Zahlen zufällig die Zahl 2 in die Auswahl, d.h. die 2. Einheit ist ausgewählt. Da nun wegen $\frac{N}{n} = \frac{1000}{100} = 10$ jede 10. nachfolgende Einheit ausgewählt wird, gelangen systematisch die Einheiten mit den Nummern 12, 22, ..., 992 ebenso in die Stichprobe.
Zur Kontrolle erfolgt die Ausgabe des Stichprobenumfangs.

Variationen:
Umfang der Grundgesamtheit und Auswahlsatz können nach Belieben variiert werden, wobei Anweisung (150) zu beachten ist.

AUSDRUCK DES PROGRAMMBEISPIELS:

```
Systematische Auswahl
---------------------
Umfang der Grundgesamtheit? 1000
Auswahlsatz (z.B. .1)? .1

Ausgewaehlte Einheiten:
-----------------------
  2  12  22  32  42  52  62  72  82  92
102 112 122 132 142 152 162 172 182 192
202 212 222 232 242 252 262 272 282 292
302 312 322 332 342 352 362 372 382 392
402 412 422 432 442 452 462 472 482 492
502 512 522 532 542 552 562 572 582 592
602 612 622 632 642 652 662 672 682 692
702 712 722 732 742 752 762 772 782 792
802 812 822 832 842 852 862 872 882 892
902 912 922 932 942 952 962 972 982 992
Stichprobenumfang = 100
```

PROGRAMM 17: Bestimmung des Stichprobenumfangs der Zufallsauswahl

LADEANWEISUNG:
Das Programm wird geladen mit load"a:nzufausw".

AUFGABE:
Für ein quantitatives bzw. qualitatives Merkmal soll nach dem Ziehungsschema "mit Zurücklegen" bzw. "ohne Zurücklegen" der erforderliche Stichprobenumfang ermittelt werden.
Die verwendeten Formeln lauten (n = Stichprobenumfang):

für ein quantitatives Merkmal (Ziehen mit Zurücklegen):

(17.1) $n = \dfrac{k^2 \cdot \sigma^2}{d_{\bar{x}}^2}$

k = Sigma-Äquivalent
σ^2 = Varianz der Einheiten in der Grundgesamtheit
$d_{\bar{x}}$ = Absolute Genauigkeit in Meßeinheiten

für ein quantitatives Merkmal (Ziehen ohne Zurücklegen):

(17.2) $n = \dfrac{N \cdot k^2 \cdot \sigma^2}{d_{\bar{x}}^2 \cdot (N-1) + k^2 \cdot \sigma^2}$

N = Umfang der Grundgesamtheit

für ein qualitatives Merkmal (Ziehen mit Zurücklegen):

(17.3) $n = \dfrac{k^2 \cdot p \cdot (1-p)}{d_p^2} + 1$

p = Geschätzte Erfolgsquote der Grundgesamtheit
d_p = Absolute Genauigkeit

für ein qualitatives Merkmal (Ziehen ohne Zurücklegen):

(17.4) $n = \dfrac{d_p^2 + N \cdot k^2 \cdot \dfrac{p \cdot (1-p)}{N-1}}{d_p^2 + k^2 \cdot \dfrac{p \cdot (1-p)}{N-1}}$

LITERATUR:
Leiner, B.: Stichprobentheorie. R. Oldenbourg Verlag. München-Wien 1985, Kapitel 3.

PROGRAMM:
```
100 CLS
110 PRINT"Bestimmung des Stichprobenumfangs"
120 PRINT"einer reinen Zufallsauswahl"
130 PRINT"--------------------------------"
140 PRINT"1    Quantitatives Merkmal"
150 PRINT"     Ziehen mit Zuruecklegen"
160 PRINT
170 PRINT"2    Quantitatives Merkmal"
180 PRINT"     Ziehen ohne Zuruecklegen"
190 PRINT
200 PRINT"3    Qualitatives Merkmal"
210 PRINT"     Ziehen mit Zuruecklegen"
220 PRINT
230 PRINT"4    Qualitatives Merkmal"
240 PRINT"     Ziehen ohne Zuruecklegen"
250 PRINT
260 PRINT"Angaben mit RETURN eingeben!"
270 PRINT
280 PRINT"1, 2, 3 oder 4 ";
290 INPUT M
300 IF M<1 THEN 140
310 IF M>4 THEN 140
320 PRINT
330 PRINT"Sigma-Aequivalent"
340 PRINT"(z.B. 2 fuer Wahrscheinlichkeit .9545)";
350 INPUT K
360 PRINT
370 IF M>2 THEN 520
380 PRINT"Absolute Genauigkeit in Messeinheiten"
390 PRINT"(z.B. 1 fuer 1 Kilo)";
400 INPUT DX
410 PRINT
420 PRINT"Varianz der Einheiten in der Grundgesamtheit";
430 INPUT VA
440 IF M=2 THEN 470
450 N=K*K*VA/(DX*DX)
460 GOTO 660
470 PRINT
480 INPUT"Umfang der Grundgesamtheit";NG
490 N=NG*K*K*VA/(DX*DX*(NG-1)+K*K*VA)
500 GOTO 660
510 PRINT
520 PRINT"Geschaetzte Erfolgsquote p"
530 PRINT"der Grundgesamtheit (z.B. .2)";
540 INPUT P
550 PRINT
560 PRINT"Gewuenschte absolute Genauigkeit"
570 PRINT"(z.B. .01)";
580 INPUT DP
590 IF M=4 THEN 620
600 N=(K*K*P*(1-P)/(DP*DP))+1
610 GOTO 660
620 PRINT
630 INPUT"Umfang der Grundgesamtheit ";NG
640 N=DP*DP+NG*K*K*P*(1-P)/(NG-1)
650 N=N/(DP*DP+K*K*P*(1-P)/(NG-1))
660 REM Ausdruck
670 N=INT(N+.99)
680 PRINT
690 PRINT"-------------------------------------------------"
700 PRINT"Erforderlicher Stichprobenumfang =";N
710 END
```

PROGRAMMBESCHREIBUNG:
(100)   Bildschirm wird gelöscht.
(110-130) Überschrift.
(140-270) Menu.
(280-290) Durch die Eingabe einer der Zahlen von 1 bis 4 entscheidet sich der Benutzer für einen der vier Fälle.
(300-310) Rücksprung zur Anweisung (140) für zu kleine bzw. zu große Zahlen.
(330-350) Der Benutzer übergibt das Sigma-Äquivalent.
(370)   Verzweigung (quantitatives bzw. qualitatives Merkmal).
(380-400) Der Benutzer beziffert die absolute Genauigkeit für das quantitative Merkmal.
(420-430) Der Benutzer übergibt den Wert für die Varianz σ^2 des quantitativen Merkmals.
(440)   Sprungbefehl für M = 2 (Ziehen ohne Zurücklegen).
(450)   Formel (17.1).
(460)   Sprungbefehl für die Ausgabe.
(480)   Der Benutzer beziffert den Umfang der Grundgesamtheit für das quantitative Merkmal.
(490)   Formel (17.2).
(500)   Sprungbefehl für die Ausgabe.
(520-540) Der Benutzer übergibt den Schätzwert der Erfolgsquote des qualitativen Merkmals.
(560-580) Der Benutzer beziffert die absolute Genauigkeit für das qualitative Merkmal.
(590)   Sprungbefehl für M = 4 (Ziehen ohne Zurücklegen).
(600)   Formel (17.3).
(610)   Sprungbefehl für die Ausgabe.
(630)   Der Benutzer beziffert den Umfang der Grundgesamtheit für das qualitative Merkmal.
(640-650) Formel (17.4).
(660-700) Ausgabe.
(710)   Programmende.

PROGRAMMBEISPIELE:

Start:

Eingabe von RUN und Drücken der RETURN-Taste.

Für jeden der 4 beschriebenen Fälle wird der vollständige Programmausdruck eines Beispiels nach Leiner (1985) gezeigt.

Variationen:
Die in der Praxis am häufigsten verwendeten Sigma-Äquivalente
der Standardnormalverteilung enthält folgende Tabelle aus
Leiner (1988), S. 157:

Sigma-Äquivalent	Wahrscheinlichkeit
1	0,6827
1,96	0,95
2	0,9545
2,58	0,99
3	0,9973
3,3	0,999

Sofern für ein <u>quantitatives Merkmal</u> die Varianz der Einheiten
in der Grundgesamtheit unbekannt ist, kann sie in einer kleineren Vorerhebung mit der modifizierten Stichprobenvarianz

$$\tilde{s}^2 = \frac{1}{n-1} \sum_{i=1}^{n} (x_i - \bar{x})^2 \qquad \text{(wobei } \bar{x} = \frac{1}{n} \sum_{i=1}^{n} x_i\text{)}$$

erwartungstreu geschätzt werden.
Die gewünschte Genauigkeit bestimmt der Benutzer(z.B. Gewichtsschätzungen sollen auf 1 Kilo genau sein).

Sofern für ein <u>qualitatives Merkmal</u> die Erfolgsquote p nur
unzuverlässig im vorhinein abgeschätzt werden kann, sollten
die Berechnungen auch für alternative Werte von p durchgeführt
werden. Den ungünstigsten Fall erhält man für $p = \frac{1}{2}$, d.h. in
diesem Fall errechnet sich als erforderlicher Stichprobenumfang n der Maximalwert.

Ist der Auswahlsatz f (d.h. die Quote von Stichprobenumfang n
zum Umfang N der Grundgesamtheit) hoch (Faustregel $\frac{n}{N} > 10\%$),
so empfiehlt sich die Verwendung des Ziehungsschemas "ohne
Zurücklegen", wenn davon ausgegangen werden kann, daß dieselben
Einheiten (z.B. Personen, die befragt werden sollen) nicht
mehrfach ausgewählt werden sollen. Ansonsten kann das Ziehungsschema "mit Zurücklegen" verwendet werden.

AUSDRUCK DER PROGRAMMBEISPIELE:

Bestimmung des Stichprobenumfangs
einer reinen Zufallsauswahl
----
1   Quantitatives Merkmal
    Ziehen mit Zuruecklegen

2   Quantitatives Merkmal
    Ziehen ohne Zuruecklegen

3   Qualitatives Merkmal
    Ziehen mit Zuruecklegen

4   Qualitatives Merkmal
    Ziehen ohne Zuruecklegen

Angaben mit RETURN eingeben!

1, 2, 3 oder 4 ? 1

Sigma-Aequivalent
(z.B. 2 fuer Wahrscheinlichkeit .9545) ? 2

Absolute Genauigkeit in Messeinheiten
(z.B. 1 fuer 1 Kilo) ? 1

Varianz der Einheiten in der Grundgesamtheit ? 400

Erforderlicher Stichprobenumfang = 1600

Bestimmung des Stichprobenumfangs
einer reinen Zufallsauswahl
----
1   Quantitatives Merkmal
    Ziehen mit Zuruecklegen

2   Quantitatives Merkmal
    Ziehen ohne Zuruecklegen

3   Qualitatives Merkmal
    Ziehen mit Zuruecklegen

4   Qualitatives Merkmal
    Ziehen ohne Zuruecklegen

Angaben mit RETURN eingeben!

1, 2, 3 oder 4 ? 2

Sigma-Aequivalent
(z.B. 2 fuer Wahrscheinlichkeit .9545) ? 2

Absolute Genauigkeit in Messeinheiten
(z.B. 1 fuer 1 Kilo) ? 1

Varianz der Einheiten in der Grundgesamtheit ? 400

Umfang der Grundgesamtheit ? 1600

Erforderlicher Stichprobenumfang = 801

Bestimmung des Stichprobenumfangs
einer reinen Zufallsauswahl
----
1   Quantitatives Merkmal
    Ziehen mit Zuruecklegen

2   Quantitatives Merkmal
    Ziehen ohne Zuruecklegen

3   Qualitatives Merkmal
    Ziehen mit Zuruecklegen

4   Qualitatives Merkmal
    Ziehen ohne Zuruecklegen

Angaben mit RETURN eingeben!

1, 2, 3 oder 4 ? 3

Sigma-Aequivalent
(z.B. 2 fuer Wahrscheinlichkeit .9545) ? 2

Geschaetzte Erfolgsquote p
der Grundgesamtheit (z.B. .2) ? .2

Gewuenschte absolute Genauigkeit
(z.B. .01) ? .01

Erforderlicher Stichprobenumfang = 6401

Bestimmung des Stichprobenumfangs
einer reinen Zufallsauswahl
----
1   Quantitatives Merkmal
    Ziehen mit Zuruecklegen

2   Quantitatives Merkmal
    Ziehen ohne Zuruecklegen

3   Qualitatives Merkmal
    Ziehen mit Zuruecklegen

4   Qualitatives Merkmal
    Ziehen ohne Zuruecklegen

Angaben mit RETURN eingeben!

1, 2, 3 oder 4 ? 4

Sigma-Aequivalent
(z.B. 2 fuer Wahrscheinlichkeit .9545) ? 2

Geschaetzte Erfolgsquote p
der Grundgesamtheit (z.B. .2) ? .2

Gewuenschte absolute Genauigkeit
(z.B. .01) ? .01

Umfang der Grundgesamtheit ? 2E+07

Erforderlicher Stichprobenumfang = 6399

PROGRAMM 18: Zufallszahlen

LADEANWEISUNG:
Das Programm wird geladen mit load"a:zufzahl".

AUFGABE:
Mit diesem Programm können Tabellen von Zufallszahlen erstellt werden. Der Benutzer kann über die größte zulässige Zufallszahl die Stellenzahl (Anzahl der Ziffern) bestimmen, wobei die Genauigkeit des Computers (7 Stellen für den Commodore 40AT) als Restriktion zu beachten ist. Über die "Anzahl der Zufallszahlen" wird die Größe der Tabelle festgelegt. Durch die Option "Wiederholungen (j/n) ?" kann die mehrfache Auswahl derselben Zufallszahl vermieden werden.

PROGRAMM:

```
100 CLS
110 PRINT"Zufallszahlen"
120 PRINT"-------------"
130 INPUT"Groesste Zufallszahl ";M
140 INPUT"Anzahl der Zufallszahlen ";N
150 DIM Z(N)
160 INPUT"Wiederholungen (j/n) ";W$:PRINT
170 RANDOMIZE TIMER
180 Z(1)=INT(RND(1)*M)+1
190 PRINT Z(1);
200 FOR I=2 TO N
210 RANDOMIZE TIMER
220 Z(I)=INT(RND(1)*M)+1
230 IF W$<>"n" THEN 270
240 FOR J=1 TO I-1
250 IF Z(I)=Z(J) THEN 220
260 NEXT J
270 PRINT Z(I);
280 IF INT(I/10)=I/10 THEN PRINT
290 NEXT I
300 END
```

PROGRAMMBESCHREIBUNG:
(100)   Bildschirm wird gelöscht.
(110-120) Überschrift.
(130)   Eingabe der größten gewünschten Zufallszahl über die Tastatur mit nachfolgendem Drücken der RETURN-Taste.
(140)   Eingabe der Anzahl der auszuwählenden Zufallszahlen über die Tastatur mit nachfolgendem Drücken der RETURN-Taste.
(150)   Mit der DIM-Anweisung werden für die N Zufallszahlen Speicher für die Feldvariablen (arrays) reserviert.
(160)   Vermeidung von Wiederholungen durch Eingabe von n über die Tastatur mit nachfolgendem Drücken der RETURN-Taste.
(170-190) Auswahl und Ausgabe der ersten Zufallszahl (siehe PROGRAMM 1).
(200-290) Auswahl der i-ten Zufallszahl (i = 2, 3, ..., n). Hierbei in (240-260) Überprüfung auf Wiederholungen. Sollen Wiederholungen vermieden werden, wird eine Zufallszahl in (270) erst ausgegeben, wenn sie mit keiner Vorgängerin übereinstimmt. Durch (280) werden jeweils 10 Zufallszahlen in einer Zeile ausgegeben. Durch Überschreiben dieser 10 durch eine andere Zahl kann der Benutzer in (280) eine andere Tabellenbreite wählen.
(300)   Programmende.

PROGRAMMBEISPIEL:
Start: Eingabe von RUN und Drücken der RETURN-Taste.
Es sollten 100 Zufallszahlen aus den natürlichen Zahlen 1, 2, ..., 924 ausgewählt werden. Wiederholungen sollten unterbleiben. Daß tatsächlich auch die Zahl 924 ausgewählt wurde im ausgedruckten Beispiel, ist reiner Zufall. Die kleinste ausgedruckte Zahl war die Zahl 3 (die kleinste zulässige Zahl war die Zahl 1).

Variationen:
Wenn Wiederholungen vermieden werden sollen, ist darauf zu achten, daß die Anzahl N der Zufallszahlen nicht größer ist als die größte Zufallszahl M. Mit Null als kleinster Zufallszahl ist in den Anweisungen (180) und (220) die Addition von 1 zu entfernen.

AUSDRUCK DES PROGRAMMBEISPIELS:

Zufallszahlen

Groesste Zufallszahl 924
Anzahl der Zufallszahlen 100
Wiederholungen (j/n) n

```
778  648  405  298  189  153  552   12  920   54
 78  269  807  584  917  278  130  924  411   98
364   66  322  908  319  600  332  306  541  170
709  663  608  887   56  274  384  297  682  176
686  230  679  201  408  915  592  292  593  324
639  415  354  116  172  493  268  220  312  684
553  281  339  184  823  526  173  102  352  115
670  677  488  812  537  630  144  202  413  216
747  900  137   30  276  881  922   61  587   91
233  162  781    3  674  190  535  460  791  349
```

PROGRAMM 19: Zufallsauswahl

LADEANWEISUNG:

Das Programm wird geladen mit load"a:zufzahl".

AUFGABE:

Es wird davon ausgegangen, daß in einer N Einheiten umfassenden Grundgesamtheit jeder Einheit eine der natürlichen Zahlen bis N eineindeutig zugeordnet werden kann, d.h. daß die Einheiten von 1 bis N durchnumeriert sind.

Im Programm soll der Benutzer die Möglichkeit haben, in einer simulierten Ziehung entweder nach dem Ziehungsschema "mit Zurücklegen" oder nach dem Ziehungsschema "ohne Zurücklegen" vorzugehen. Nach erfolgter Ziehung hat der Benutzer die Option, eine geordnete Ausgabe der ausgewählten Zahlen zu erhalten. Das hierbei verwendete Sortierverfahren entwickelt, mit der ersten Zahl beginnend, eine aufsteigende Anordnung von Zahlen, in der jede neue Zahl überprüft wird, ob sie größer ist als die letzte geordnete Zahl. Ist das der Fall, wird sie an die Anordnung angefügt. Im anderen Fall wechselt sie den Platz mit jener. Dies wird solange fortgesetzt, bis die neue Zahl ihren richtigen Platz in der bestehenden Anordnung gefunden hat. Dann wird eine weitere Zahl mit dieser Anordnung verglichen usw. Natürlich kann der Benutzer auch ein anderes Sortierverfahren verwenden (Literaturempfehlung beachten).

LITERATUR:

Floegel, E.: Statistik in BASIC. Verlag Hofacker. Holzkirchen 1984.

Herrmann, D.: Mathematik-Programme in BASIC. Verlag Deubner. Köln 1984.

PROGRAMM:
```
100 CLS
110 PRINT"Zufallsauswahl"
120 PRINT"--------------"
130 INPUT"Umfang der Grundgesamtheit ";NG
140 INPUT"Stichprobenumfang ";NS
150 DIM Z(NS)
160 INPUT"Wiederholungen (j/n)";W$
170 INPUT"Sortieren (j/n) ";S$:PRINT
180 PRINT"Folgende Einheiten wurden ausgewaehlt:"
190 PRINT"----------------------------------------"
200 RANDOMIZE TIMER
210 Z(1)=INT(RND(1)*NG)+1
220 IF S$="j" THEN 240
230 PRINT Z(1);
240 FOR I=2 TO NS
250 RANDOMIZE TIMER
260 Z(I)=INT(RND(1)*NG)+1
270 IF W$="j" THEN 310
280 FOR J=1 TO I-1
290 IF Z(I)=Z(J) THEN 250
300 NEXT J
310 IF S$="j" THEN 340
320 PRINT Z(I);
330 IF INT(I/10)=I/10 THEN PRINT
340 :
350 NEXT I
360 IF S$="j" THEN GOSUB 380
370 END
380 REM Unterprogramm Sortieren
390 FOR I=2 TO NS
400 REM nach vorne vertauschen
410 FOR K=I TO 1 STEP -1
420 IF Z(K)>Z(K-1) THEN 450
430 REM vertauschen
440 HD=Z(K-1):Z(K-1)=Z(K):Z(K)=HD
450 NEXT K
460 NEXT I
470 FOR I=1 TO NS
480 PRINT Z(I);
490 IF INT(I/10)=I/10 THEN PRINT
500 NEXT I
510 RETURN
```

PROGRAMMBESCHREIBUNG:
(100)   Bildschirm wird gelöscht.
(110-120) Überschrift.
(130)   Der Benutzer gibt den Umfang der Grundgesamtheit (Zahl der Einheiten der Population) über die Tastatur mit nachfolgendem Drücken der RETURN-Taste ein.
(140)   Entsprechend beziffert der Benutzer den Stichprobenumfang.
(150)   Mit der DIM-Anweisung werden für NS Zufallszahlen Speicher für die Feldvariablen (arrays) reserviert.
(160)   Der Benutzer schließt durch Eingabe von n mit anschließendem Drücken der RETURN-Taste aus, daß Wiederholungen vorkommen, d.h. es wird "ohne Zurücklegen" gezogen.
(170)   Durch Eingabe von j mit anschließendem Drücken der RETURN-Taste erhält der Benutzer hier die geordnete Ausgabe der ausgewählten Zahlen.
(180-190) Tabellenüberschrift.
(200-210) Die erste Zufallszahl wird ausgewählt (siehe PROGRAMM 1).
(220)   Sprungbefehl, wenn sortiert wird.
(230)   Ausgabe der ersten Zufallszahl, wenn nicht sortiert wird.
(240-350) Auswahl weiterer Zufallszahlen:
           In (270) Sprungbefehl, wenn Wiederholungen akzeptiert werden.
           In (280-300) Überprüfung auf Wiederholungen.
           In (310) Sprungbefehl, wenn sortiert werden soll.
           In (320) Ausdruck der unsortierten Zufallszahlen, wobei wegen (330) nach jeder 10. Zufallszahl eine neue Zeile begonnen wird.
(360)   Aufruf des Sortierprogramms.
(370)   Programmende.
(380-510) Sortierprogramm mit Ausgabe.

PROGRAMMBEISPIEL:

Start:

Eingabe von RUN und Drücken der RETURN-Taste.

Aus einer Grundgesamtheit von 1000 Einheiten sollten 50 ausgewählt werden, wobei keine Wiederholungen vorkommen sollten (Ziehen ohne Zurücklegen). Die ausgewählten Einheiten sollten sortiert ausgegeben werden.
Die kleinste ausgewählte Zahl im Beispiel war die 31, die größte ausgewählte Zahl war die 997.

Variationen:

Soll auch die Null als Nr. zugelassen werden, so ist in den Anweisungen (210) und (260) die Addition von 1 zu entfernen. Ein anderes Sortierprogramm muß an die Stelle der Anweisungen (380-460) treten.

AUSDRUCK DES PROGRAMMBEISPIELS:

```
Zufallsauswahl
--------------
Umfang der Grundgesamtheit  1000
Stichprobenumfang  50
Wiederholungen (j/n)n
Sortieren (j/n) j
Folgende Einheiten wurden ausgewaehlt:
----------------------------------------
 31  42  53  63 115 126 130 154 168 227
252 278 280 291 332 387 389 401 419 465
498 530 536 547 564 598 608 632 651 661
682 710 721 739 760 771 790 795 822 824
829 856 871 903 936 950 964 968 982 997
```

PROGRAMM 20: Geschichtete Stichproben

LADEANWEISUNG:
Das Programm wird geladen mit load"a:npropopt".

AUFGABE:
In geschichteten Stichproben wird bei der Auswahl der Stichprobeneinheiten darauf geachtet, welche Verteilung eines Merkmales auf die einzelnen Schichten vorliegt. So läßt sich z.B. die Bevölkerung der Beundesrepublik Deutschland nach einzelnen Bundesländern schichten.
Für die <u>proportionale Auswahl</u> gilt

(20.1) $\quad \dfrac{n_j}{n} = \dfrac{N_j}{N} \qquad j = 1, \ldots, S.$

Es bedeuten:
S = Anzahl der Schichten (z.B. 11 Bundesländer),
N = Umfang der Grundgesamtheit (z.B. rd. 60 Millionen Bundesbürger),
n = Stichprobenumfang,
N_j = Umfang der j-ten Schicht in der Grundgesamtheit,
n_j = Umfang der j-ten Schicht in der Stichprobe.

Mit Formel (20.1) wird somit der Anteil der j-ten Schicht in der Grundgesamtheit (z.B. jeder 60. Bundesbürger ist Saarländer) in der Stichprobe imitiert (d.h. auch in der Stichprobe soll der Anteil der Saarländer $\dfrac{1}{60}$ sein).
Für die <u>optimale Auswahl</u> gilt

(20.2) $\quad \dfrac{n_j}{n} = \dfrac{N_j \cdot \sigma_j}{\sum\limits_{j=1}^{S} N_j \cdot \sigma_j} \qquad j = 1, \ldots, S.$

Ist somit σ_j, die Standardabweichung der Einheiten der j-ten Schicht in der Grundgesamtheit, bekannt, so kann der Unterschied der Variation in den verschiedenen Schichten der Grundgesamtheit mit Formel (20.2) berücksichtigt werden.

LITERATUR:
Leiner, B.: Stichprobentheorie. R. Oldenbourg Verlag. München-Wien 1985, Kapitel 5.

PROGRAMM:

```
100 CLS
110 PRINT"Geschichtete Stichproben"
120 PRINT"----------------------"
130 PRINT"Stichprobenumfaenge bei"
140 PRINT"proportionaler und optimaler Auswahl"
150 PRINT"----------------------------------"
160 READ S:REM Anzahl der Schichten
170 INPUT"Stichprobenumfang";NS
180 PRINT
190 DIM NG(S),SG(S),NP(S),NO(S),SW(S)
200 PRINT
210 PRINT"Schichtenumfaenge in der Grundgesamtheit"
220 PRINT
230 PRINT"Schicht Nr.     Anzahl der Einheiten"
240 PRINT"-------------------------------------"
250 FOR I=1 TO S
260 READ NG(I)
270 PRINT TAB(3) I; TAB(20) NG(I)
280 NG=NG+NG(I)
290 NEXT I
300 PRINT"-------------------------------------"
310 PRINT"Summe"; TAB(20) NG
320 GOSUB 730
330 PRINT"Standardabweichungen der Schichten"
340 PRINT"in der Grundgesamtheit:"
350 PRINT
360 PRINT"Schicht Nr.     Standardabweichung"
370 PRINT"-------------------------------------"
380 FOR I=1 TO S
390 READ SG(I)
400 PRINT TAB(3) I; TAB(20) SG(I)
410 SW(I)=SG(I)*NG(I)
420 SW=SW+SW(I)
430 NEXT I
440 GOSUB 730
450 FOR I=1 TO S
460 NP(I)=INT((NS*NG(I)/NG)+.5)
470 NO(I)=INT((NS*NG(I)*SG(I)/SW)+.5)
480 PS=PS+NP(I)
490 OS=OS+NO(I)
500 NEXT I
510 PRINT:PRINT:PRINT
520 PRINT"Umfaenge bei proportionaler Auswahl"
530 PRINT"-----------------------------------"
540 PRINT"Schicht   Grundgesamtheit   Stichprobe"
550 PRINT"--------------------------------------"
560 FOR I=1 TO S
570 PRINT TAB(3) I; TAB(15) NG(I); TAB(30) NP(I)
580 NEXT I
590 PRINT"--------------------------------------"
600 PRINT"Summe"; TAB(15) NG; TAB(30) PS
610 GOSUB 730
620 PRINT:PRINT:PRINT
```

```
630 PRINT"Umfaenge bei optimaler Auswahl"
640 PRINT"------------------------------"
650 PRINT"Schicht    Grundgesamtheit   Stichprobe"
660 PRINT"----------------------------------------"
670 FOR I=1 TO S
680 PRINT TAB(3) I; TAB(15) NG(I); TAB(30) NO(I)
690 NEXT I
700 PRINT"----------------------------------------"
710 PRINT"Summe"; TAB(15) NG; TAB(30) OS
720 END
730 REM Unterprogramm Leertaste
740 PRINT"Leertaste druecken!"
750 A$=INKEY$:IF A$<>" " THEN 750
760 CLS
770 RETURN
780 REM Anzahl der Schichten
790 DATA 4
800 REM Anzahl der Einheiten in den Schichten der GG
810 DATA 40000, 7000, 2000, 1000
820 REM Standardabweichungen in den Schichten der GG
830 DATA 6, 10, 15, 60
```

PROGRAMMBESCHREIBUNG:

(100)   Bildschirm wird gelöscht.

(110-150) Überschrift.

(160)   Von der ersten DATA-Anweisung (790) wird die Anzahl der Schichten gelesen.

(170)   Mit der INPUT-Anweisung gibt der Benutzer über die Tastatur mit anschließendem Drücken der RETURN-Taste den Stichprobenumfang ein.

(190)   Mit der DIM-Anweisung werden für die Variablen NG, SG, NP, NO und SW Speicher für die Feldvariablen (arrays) reserviert.

(200-240) Tabellenüberschrift.

(250-310) Die Anzahl der Einheiten in den Schichten der Grundgesamtheit wird von der zweiten DATA-Anweisung (810) gelesen und zur Kontrolle mit ihrer Summe ausgegeben.

(320)   Das Unterprogramm Leertaste wird aufgerufen.

(330-430) Entsprechend werden die Standardabweichungen in den Schichten der Grundgesamtheit von der letzten DATA-Anweisung (830) gelesen und zur Kontrolle ausgegeben. Hierbei werden zugleich die zu (20.2) benötigten Produkte und deren Summe gebildet.

(440)   Das Unterprogramm Leertaste wird aufgerufen.

(450-500) Die nach n_j aufgelösten Formeln (20.1) und (20.2) liegen der Berechnung ganzzahliger Lösungen zugrunde.

(510-600) Ausgabe der Umfänge bei proportionaler Auswahl.
(610)   Das Unterprogramm Leertaste wird aufgerufen.
(620-710) Ausgabe der Umfänge bei optimaler Auswahl.
(720)   Programmende.
(730-770) Unterprogramm Leertaste.
(790)   DATA-Anweisung für die Anzahl S der Schichten.
(810)   DATA-Anweisung für die Anzahl der Einheiten in den Schichten der Grundgesamtheit. Es werden S, durch Komma getrennte, ganzzahlige Werte erwartet.
(830)   DATA-Anweisung für die Standardabweichungen in den Schichten der Grundgesamtheit. Es werden S, durch Komma getrennte, reelle Werte erwartet (Beispiel: die 4 reellen Werte $\frac{1}{8}$, $\frac{1}{4}$, $\frac{1}{2}$, $\frac{1}{5}$ wären als .125, .25, .5, .2 einzugeben).

PROGRAMMBEISPIEL:

Start:
Eingabe von RUN und Drücken der RETURN-Taste.

Im Beispiel sollten von 50.000 Betrieben 1.000 Betriebe in die Stichprobe gelangen. Die Aufteilung der 50.000 Betriebe auf die 4 Schichten war ebenso vorgegeben wie die vier Werte der Standardabweichungen in den einzelnen Schichten.
Im Vergleich erkennt man, daß die höhere Variation in den Schichten 2, 3 und 4 bewirkt hat, daß anteilsmäßig mehr Betriebe aus diesen Schichten bei der optimalen Auswahl in die Stichprobe gelangen als bei der proportionalen Auswahl.

Variationen:
Wie man schon an Formel (20.2) erkennen kann, geht diese in Formel (20.1) über, wenn die σ_j identisch sind für j=1,...,S. Kennt man die σ_j nicht bereits approximativ aus früheren Erhebungen, so empfiehlt sich eine kleinere Vorerhebung, in der man die Variation in den einzelnen Schichten (in Abweichung vom jeweiligen Schichtenmittel) berechnet. Erwartungstreue Varianzschätzungen erhält man auch hier, wenn man jeweils durch die um 1 verminderte Anzahl der hierbei berücksichtigten Abweichungen dividiert (modifizierte Varianzen). Die benötigten Standardabweichungen erhält man hieraus durch Radizieren (positive Quadratwurzel).

AUSDRUCK DES PROGRAMMBEISPIELS:

Geschichtete Stichproben

Stichprobenumfaenge bei
proportionaler und optimaler Auswahl

Stichprobenumfang? 1000

Schichtenumfaenge in der Grundgesamtheit

Schicht Nr.	Anzahl der Einheiten
1	40000
2	7000
3	2000
4	1000
Summe	50000

Standardabweichungen der Schichten
in der Grundgesamtheit:

Schicht Nr.	Standardabweichung
1	6
2	10
3	15
4	60

Umfaenge bei proportionaler Auswahl

Schicht	Grundgesamtheit	Stichprobe
1	40000	800
2	7000	140
3	2000	40
4	1000	20
Summe	50000	1000

Umfaenge bei optimaler Auswahl

Schicht	Grundgesamtheit	Stichprobe
1	40000	600
2	7000	175
3	2000	75
4	1000	150
Summe	50000	1000

PROGRAMM 21: Verhältnisschätzungen

LADEANWEISUNG:
Das Programm wird geladen mit load"a:verhsch".

AUFGABE:
In der Stichprobentechnik berechnet man Verhältnisschätzungen, die auf ein Verhältnis von Stichprobenmitteln zurückgreifen (echte Verhältnisschätzungen). Davon zu unterscheiden sind Verhältnisschätzungen, die auf Mittelwerten von Verhältniszahlen aufbauen (unechte Verhältnisschätzungen).
Mit einer echten Verhältnisschätzung schätzt man den Erwartungswert μ_Y einer Variablen Y, die in Relation zu einer Variablen X gesehen wird mit bekanntem Erwartungswert μ_X, aus den Merkmalswerten der Erhebungseinheiten x_j und y_j (j=1,...,m. m=Anzahl der Erhebungseinheiten) durch

$$(21.1) \quad \hat{\mu}_Y = \frac{\bar{y}}{\bar{x}} \cdot \mu_X \quad \text{mit } \bar{y} = \frac{1}{m} \sum_{j=1}^{m} y_j \quad \text{und } \bar{x} = \frac{1}{m} \sum_{j=1}^{m} x_j,$$

wenn $\bar{y}$ und $\bar{x}$ die Stichprobenmittel der beiden Variablen sind.

Mit einer unechten Verhältnisschätzung schätzt man den Erwartungswert μ_Y durch

$$(21.2) \quad \tilde{\mu}_Y = (\frac{1}{m} \sum_{j=1}^{m} \frac{y_j}{x_j}) \cdot \mu_X .$$

Aufgabe des Programmes ist es, in beiden Fällen diese Schätzwerte zu berechnen und nach den Formeln

$$(21.3) \quad \hat{Y} = M \cdot \hat{\mu}_Y$$
bzw.
$$(21.4) \quad \tilde{Y} = M \cdot \tilde{\mu}_Y$$

über die Anzahl M der Erhebungseinheiten in der Grundgesamtheit Hochrechnungen durchzuführen.

LITERATUR:
Leiner, B.: Stichprobentheorie. R. Oldenbourg Verlag. München-Wien 1985, Kapitel 6.

PROGRAMM:

```
100 CLS
110 PRINT"Verhaeltnisschaetzungen"
120 PRINT"-----------------------"
130 READ MG
140 PRINT"Anzahl der Erhebungseinheiten"
150 PRINT"in der Grundgesamtheit =";MG
160 PRINT
170 READ MS
180 PRINT"Anzahl der Erhebungseinheiten"
190 PRINT"in der Stichprobe =";MS
200 PRINT
210 READ MX
220 PRINT"Erwartungswert der
230 PRINT"exogenen Variablen =";MX
240 GOSUB 790
250 DIM Y(MS),X(MS)
260 PRINT"Werte der endogenen und exogenen Variablen"
270 PRINT
280 PRINT"Nr.    endogene Variable    exogene Variable"
290 PRINT"-------------------------------------------"
300 FOR I=1 TO MS
310 READ Y(I)
320 NEXT I
330 FOR I=1 TO MS
340 READ X(I)
350 PRINT I; TAB(10) Y(I); TAB(30) X(I)
360 NEXT I
370 GOSUB 790
380 CLS
390 FOR I=1 TO MS
400 SX=SX+X(I)
410 SY=SY+Y(I)
420 YX=YX+Y(I)/X(I)
430 NEXT I
440 XQ=SX/MS
450 YQ=SY/MS
460 YX=YX/MS
470 PRINT
480 PRINT"Mittelwert der endogenen Variablen (y) =";YQ
490 PRINT
500 PRINT"Mittelwert der exogenen Variablen (x)  =";XQ
510 PRINT
520 PRINT"-------------------------------------------"
530 PRINT
540 PRINT"1   echte Verhaeltnisschaetzung"
550 PRINT"    (Verhaeltnis der Mittelwerte)"
560 PRINT
570 PRINT"2   unechte Verhaeltnisschaetzung"
580 PRINT"    (Mittelwert der Verhaeltnisse)
590 PRINT
600 PRINT"3 Programmende"
610 PRINT
620 PRINT"1, 2 oder 3 mit RETURN eingeben ";
630 INPUT NV
640 CLS
650 IF NV=1 THEN MY=MX*YQ/XQ
660 IF NV=1 THEN PRINT"Echte Verhaeltnisschaetzung"
670 IF NV=2 THEN MY=MX*YX
680 IF NV=2 THEN PRINT"Unechte Verhaeltnisschaetzung"
690 IF NV>2 THEN END
```

```
700 PRINT"-----------------------------------------------"
710 PRINT"Schaetzung des Erwartungswerts E(Y)"
720 PRINT"der endogenen Variablen            =";MY
730 PRINT
740 HY=MY*MG
750 PRINT"Schaetzung der Summe der Werte der"
760 PRINT"endogenen Variablen (Hochrechung)   =";HY
770 PRINT
780 GOTO 540
790 REM Unterprogramm Leertaste
800 PRINT
810 PRINT"Leertaste druecken!"
820 PRINT
830 L$=INKEY$:IF L$<>" " THEN 830
840 RETURN
850 REM Anzahl der Erhebungseinheiten in der GG
860 DATA 100
870 REM Anzahl der Erhebungseinheiten in der Stpr
880 DATA 8
890 REM Erwartungswert der exogenen Variablen
900 DATA 25
910 REM Werte der endogenen Variablen
920 DATA 25, 29, 30, 23, 20, 18, 25, 30
930 REM Werte der exogenen Variablen
940 DATA 21, 24, 32, 25, 22, 21, 23, 24
```

PROGRAMMBESCHREIBUNG:

(100)   Bildschirm wird gelöscht.

(110-120) Überschrift.

(130-150) Von der ersten DATA-Anweisung (860) wird die Anzahl der Erhebungseinheiten in der Grundgesamtheit gelesen und zur Kontrolle ausgegeben.

(170-190) Von der zweiten DATA-Anweisung (880) wird die Anzahl der Erhebungseinheiten in der Stichprobe gelesen und zur Kontrolle ausgegeben.

(210-230) Von der dritten DATA-Anweisung (900) wird der Erwartungswert der exogenen Variablen gelesen und zur Kontrolle ausgegeben.

(240)   Das Unterprogramm Leertaste wird aufgerufen.

(250)   Mit der DIM-Anweisung werden für die Variablen Y und X Speicher für die Feldvariablen (Vektoren) reserviert.

(260-290) Tabellenüberschrift.

(300-320) Von der DATA-Anweisung (920) werden die Werte der endogenen Variablen eingelesen.

(330-360)	Von der DATA-Anweisung (940) werden die Werte der exogenen Variablen eingelesen und zur Kontrolle mit den gespeicherten Werten der endogenen Variablen in der Tabelle ausgegeben.
(370)	Das Unterprogramm Leertaste wird aufgerufen.
(380)	Bildschirm wird gelöscht.
(390-430)	Die Summen der Werte der exogenen Variablen, der Werte der endogenen Variablen und ihrer jeweiligen Verhältnisse werden gebildet.
(440-460)	Durch Division mit der Anzahl der Summanden werden Mittel gebildet.
(480-500)	$\bar{y}$ und $\bar{x}$ werden ausgegeben.
(510-610)	Menu.
(620-630)	Der Benutzer entscheidet sich durch Eingabe von 1 für die echte Verhältnisschätzung, durch Eingabe von 2 für die unechte Verhältnisschätzung und durch Eingabe von 3 für die Beendigung des Programms (stets mit nachfolgendem Drücken der RETURN-Taste).
(640)	Bildschirm wird gelöscht.
(650-680)	Berechnung der Schätzung des Erwartungswerts mit Ausgabe des gewählten Falles.
(690)	Programmende, wenn nicht 1 oder 2 gewählt wurde.
(700-720)	Ausgabe der Schätzung des Erwartungswerts.
(740-760)	Berechnung und Ausgabe der Hochrechnung.
(780)	Rücksprung zum Menu.
(790-840)	Unterprogramm Leertaste.
(860)	DATA-Anweisung für die Anzahl der Erhebungseinheiten in der Grundgesamtheit.
(880)	DATA-Anweisung für die Anzahl der Erhebungseinheiten in der Stichprobe.
(900)	DATA-Anweisung für den Erwartungswert der exogenen Variablen.
(920)	Werte der endogenen Variablen, durch Komma getrennt. Eine Anzahl von MS Werten wird erwartet.
(940)	Werte der exogenen Variablen, durch Komma getrennt. Eine Anzahl von MS Werten wird erwartet.

PROGRAMMBEISPIEL:

Start:
Eingabe von RUN und Drücken der RETURN-Taste.

Es wurde das Beispiel aus Leiner (1985), S. 96 verwendet, in dem ein Bauer, der 100 Kirschbäume besitzt, die im Vorjahr einen Durchschnittsertrag von 25 kg Kirschen erbrachten, für 8 ausgewählte Kirschbäume Ertragswerte aus dem Vorjahr (exogene Variable X) und aus diesem Jahr (endogene Variable Y) zur Verfügung hat, so daß man mit diesen in den DATA-Anweisungen aufgeführten Werten Schätzungen des diesjährigen Durchschnittsertrages bzw. Hochrechnungen durchführen kann.

Wie man aus dem Ausdruck des Programmbeispiels ersehen kann, liefert die unechte Verhältnisschätzung hier höhere Werte als die echte Verhältnisschätzung.

Beide Schätzungen sind nicht erwartungstreu, doch besitzt die echte Verhältnisschätzung bessere asymptotische Eigenschaften als die unechte Verhältnisschätzung, was sich in großen Stichproben positiv bemerkbar macht.

Variationen:
Der geübte Programmierer kann unter Zuhilfenahme der üblichen Formeln für den bias und den Zufallsfehler (siehe auch Leiner (1985), S. 90-92) der echten Verhätnisschätzung Erweiterungen in das Programm einbauen. Die Berechnungen sind allerdings einigermaßen aufwendig (so muß unter anderem zu diesem Zweck der Korrelationskoeffizient berechnet werden).

AUSDRUCK DES PROGRAMMBEISPIELS:

```
Verhaeltnisschaetzungen
-----------------------
Anzahl der Erhebungseinheiten
in der Grundgesamtheit = 100

Anzahl der Erhebungseinheiten
in der Stichprobe = 8

Erwartungswert der
exogenen Variablen = 25

Leertaste druecken!
```

Werte der endogenen und exogenen Variablen

Nr.	endogene Variable	exogene Variable
1	25	21
2	29	24
3	30	32
4	23	25
5	20	22
6	18	21
7	25	23
8	30	24

Leertaste druecken!

Mittelwert der endogenen Variablen (y) = 25

Mittelwert der exogenen Variablen (x) = 24

---

1   echte Verhaeltnisschaetzung
    (Verhaeltnis der Mittelwerte)

2   unechte Verhaeltnisschaetzung
    (Mittelwert der Verhaeltnisse)

3   Programmende

1, 2 oder 3 mit RETURN eingeben ? 1
Echte Verhaeltnisschaetzung

Schaetzung des Erwartungswerts E(Y)
der endogenen Variablen   = 26.04167

Schaetzung der Summe der Werte der
endogenen Variablen (Hochrechnung)   = 2604.167

1   echte Verhaeltnisschaetzung
    (Verhaeltnis der Mittelwerte)

2   unechte Verhaeltnisschaetzung
    (Mittelwert der Verhaeltnisse)

3   Programmende

1, 2 oder 3 mit RETURN eingeben ? 2
Unechte Verhaeltnisschaetzung

Schaetzung des Erwartungswerts E(Y)
der endogenen Variablen   = 26.12344

Schaetzung der Summe der Werte der
endogenen Variablen (Hochrechnung)   = 2612.344

1   echte Verhaeltnisschaetzung
    (Verhaeltnis der Mittelwerte)

2   unechte Verhaeltnisschaetzung
    (Mittelwert der Verhaeltnisse)

3   Programmende

1, 2 oder 3 mit RETURN eingeben ? 3

PROGRAMM 22: Regressionsschätzung

LADEANWEISUNG:
Das Programm wird geladen mit load"a:regschtz".

AUFGABE:
Die bekannte Regressionsschätzung des Erwartungswerts μ_Y der endogenen Variablen Y (siehe Leiner (1985), S. 100)

(22.1) $\quad \hat{\mu}_Y = \bar{y} + b \cdot (\mu_X - \bar{x})$

stimmt mit der für eine OLS-Schätzung (<u>o</u>rdinary <u>l</u>east <u>s</u>quares) aufgrund bekannten Erwartungswerts μ_X der exogenen Variablen geltenden Beziehung

(22.2) $\quad \hat{\mu}_Y = a + b \cdot \mu_X$

überein wegen (siehe Leiner (1988), S. 211)

(22.3) $\quad a = \bar{y} - b \cdot \bar{x}$.

b ist die OLS-Schätzung der Steigung, also

(22.4) $\quad b = \dfrac{\mathrm{cov}(x, y)}{s^2_x}$.

Das Programm berechnet somit die Beziehung (22.1) über eine OLS-Schätzung von a und b. Zugleich wird die Stichprobenkorrelation berechnet. Die Berechnung der Streuungsmaße (Varianz, Zufallsfehler und Variationskoeffizient) erfolgt sowohl für das Ziehungsschema "mit Zurücklegen" als auch für das Ziehungsschema "ohne Zurücklegen".

LITERATUR:
Leiner, B.: Stichprobentheorie. R. Oldenbourg Verlag. München-Wien 1985, Kapitel 7.
Leiner, B.: Einführung in die Statistik. 3. Aufl., R. Oldenbourg Verlag. München-Wien 1988, Abschnitt 13.4.

PROGRAMM:

```
100 CLS
110 PRINT"Regressionsschaetzung"
120 PRINT"---------------------"
130 READ MG
140 PRINT"Anzahl der Erhebungseinheiten"
150 PRINT"in der Grundgesamtheit         =";MG
160 PRINT
170 READ MS
180 PRINT"Anzahl der Erhebungseinheiten"
190 PRINT"in der Stichprobe              =";MS
200 PRINT
210 DIM Y(MS),X(MS)
220 READ MX
230 PRINT"Erwartungswert der exogenen Variablen =";MX
240 GOSUB 820
250 CLS
260 PRINT"Werte der endogenen und exogenen Variablen"
270 PRINT
280 PRINT"Nr.   endogene Variable    exogene Variable"
290 PRINT"-----------------------------------------"
300 FOR I=1 TO MS
310 READ Y(I)
320 NEXT I
330 FOR I=1 TO MS
340 READ X(I)
350 PRINT I; TAB(10) Y(I); TAB(30) X(I)
360 NEXT I
370 GOSUB 820
380 CLS
390 FOR I=1 TO MS
400 TX=TX+X(I)
410 TY=TY+Y(I)
420 X2=X2+X(I)*X(I)
430 Y2=Y2+Y(I)*Y(I)
440 XY=XY+X(I)*Y(I)
450 NEXT I
460 PRINT"Mittelwert der exogenen Variablen (x)  =";TX/MS
470 PRINT
480 PRINT"Mittelwert der endogenen Variablen (y) =";TY/MS
490 PRINT
500 SX=X2-(TX*TX/MS)
510 SY=Y2-(TY*TY/MS)
520 CV=XY-(TX*TY/MS)
530 B=CV/SX
540 A=TY/MS-B*(TX/MS)
550 PRINT"a =";A
560 PRINT
570 PRINT"b =";B
580 PRINT
590 MY=A+B*MX
600 PRINT"Schaetzung des Erwartungswerts E(Y)"
610 PRINT"der endogenen Variablen              =";MY
620 PRINT
```

```
630 R2=B*B*SX/SY
640 PRINT"Bestimmtheitsmass (r(x,y))^2      =";R2
650 PRINT
660 R=SQR(R2)
670 PRINT"Korrelation r(x,y)                =";R
680 PRINT
690 GOSUB 820
700 VY=SY*(1-R2)/(MS*(MS-1))
710 CLS
720 PRINT"Ziehen mit Zuruecklegen"
730 PRINT"----------------------"
740 GOSUB 880
750 GOSUB 820
760 PRINT"Ziehen ohne Zuruecklegen"
770 PRINT"------------------------"
780 KF=(MG-MS)/(MG-1):REM Korrekturfaktor
790 VY=VY*KF
800 GOSUB 880
810 END
820 REM Unterprogramm Leertaste
830 PRINT
840 PRINT"Leertaste druecken!"
850 PRINT
860 L$=INKEY$:IF L$<>" " THEN 860
870 RETURN
880 REM Unterprogramm Variation
890 PRINT"Varianz der Schaetzung von E(Y)    =";VY
900 PRINT
910 ZF=SQR(VY)
920 PRINT"Zufallsfehler der Schaetzung von E(Y) =";ZF
930 PRINT
940 VK=INT(ZF/MY*100+.5)
950 PRINT"Variationskoeffizient              =";VK;"%"
960 PRINT
970 RETURN
980 REM Anzahl der Erhebungseinheiten in der GG
990 DATA 100
1000 REM Anzahl der Erhebungseinheiten in der Stpr
1010 DATA 8
1020 REM Erwartungswert der exogenen Variablen
1030 DATA 25
1040 REM Werte der endogenen Variablen
1050 DATA 25, 29, 30, 23, 20, 18, 25, 30
1060 REM Werte der exogenen Variablen
1070 DATA 21, 24, 32, 25, 22, 21, 23, 24
```

PROGRAMMBESCHREIBUNG:

(100)   Bildschirm wird gelöscht.

(110-120)   Überschrift.

(130-150)   Von der ersten DATA-Anweisung (990) wird die Anzahl der Erhebungseinheiten in der Grundgesamtheit gelesen und zur Kontrolle ausgegeben.

(170-190)   Von der zweiten DATA-Anweisung (1010) wird die Anzahl der Erhebungseinheiten in der Stichprobe gelesen und zur Kontrolle ausgegeben.

(210)   Mit der DIM-Anweisung werden für die Variablen Y und
            X Speicher für die Feldvariablen (Vektoren) reserviert.
(220-230)   Von der dritten DATA-Anweisung (1030) wird der Erwartungswert der exogenen Variablen gelesen und zur Kontrolle ausgegeben.
(240)   Das Unterprogramm Leertaste wird aufgerufen.
(250)   Bildschirm wird gelöscht.
(260-360)   Die Werte der endogenen und exogenen Variablen werden von den DATA-Anweisungen gelesen und zur Kontrolle ausgegeben (vgl. PROGRAMM 21).
(370)   Das Unterprogramm Leertaste wird aufgerufen.
(380)   Bildschirm wird gelöscht.
(390-450)   Summen der Werte, Quadratsummen und Summen der Kreuzprodukte werden gebildet.
(460-480) $\bar{x}$ und $\bar{y}$ werden ausgegeben.
(500-570)   Aus Varianzen und Kovarianzen werden die Schätzungen a und b nach (22.3) und (22.4) ermittelt und ausgegeben, wobei überflüssige Divisionen vermieden werden aus Gründen der Rechengenauigkeit.
(590-610)   Berechnung und Ausgabe der Regressionsschätzung (22.1).
(630-670)   Berechnung und Ausgabe von Bestimmtheitsmaß und Stichprobenkorrelation.
(690)   Das Unterprogramm Leertaste wird aufgerufen.
(700)   Berechnung der Varianz der Regressionsschätzung.
(710)   Bildschirm wird gelöscht.
(720-730)   Ausgabe im Fall "Ziehen mit Zurücklegen".
(740)   Aufruf des Unterprogramms Variation.
(750)   Aufruf des Unterprogramms Leertaste.
(760-770)   Ausgabe im Fall "Ziehen ohne Zurücklegen".
(780-790)   Berechnung der Varianz der Regressionsschätzung unter Berücksichtigung des Korrekturfaktors.
(800)   Aufruf des Unterprogramms Variation.
(810)   Programmende.
(820-870)   Unterprogramm Leertaste.
(880-970)   Unterprogramm Variation: Aufbauend auf der vom Hauptprogramm übernommenen Varianzgröße, die wie die anderen Streuungsmaße vom Unterprogramm ausgegeben wird, werden Zufallsfehler und Variationskoeffizient berechnet (letzterer durch Normierung mit der Regressionsschätzung).

(990)	DATA-Anweisung für die Anzahl der Erhebungseinheiten in der Grundgesamtheit.
(1010)	DATA-Anweisung für die Anzahl der Erhebungseinheiten in der Stichprobe.
(1030)	DATA-Anweisung für den Erwartungswert der exogenen Variablen.
(1050)	Werte der endogenen Variablen, durch Komma getrennt. Eine Anzahl von MS Werten wird erwartet.
(1070)	Werte der exogenen Variablen, durch Komma getrennt. Eine Anzahl von MS Werten wird erwartet.

PROGRAMMBEISPIEL:

Start:

Eingabe von RUN und Drücken der RETURN-Taste.

Das Beispiel von PROGRAMM 21 wurde zum Vergleich verwendet, da die Regressionsschätzung aufgrund ihrer Schätzeigenschaften der Verhältnisschätzung überlegen ist. Die Regressionsschätzung liegt hier unter den Werten der beiden Verhältnisschätzungen. Der Wert der Stichprobenkorrelation ist in diesem konstruierten Beispiel nicht überwältigend und wird in empirischen Beispielen wesentlich höher liegen. Der Wert des Variationskoeffizienten ist zufriedenstellend. Die feststellbare Auswirkung des Korrekturfaktors auf die absoluten Variationsmaße beruht auf dem Auswahlsatz von 8%. Wegen der Rundung des Variationskoeffizienten auf Prozentwerte ist dort die Abweichung der 3. Stelle nicht mehr zu erkennen.

Variation:

Auch dieses Programm läßt sich weiter ausbauen durch die Einbeziehung von Hochrechnungen und deren Zufallsfehler (Ziehen mit Zurücklegen/Ziehen ohne Zurücklegen).

AUSDRUCK DES PROGRAMMBEISPIELS:

```
Regressionsschaetzung
---------------------
Anzahl der Erhebungseinheiten
in der Grundgesamtheit       = 100

Anzahl der Erhebungseinheiten
in der Stichprobe            = 8

Erwartungswert der exogenen Variablen = 25

Werte der endogenen und exogenen Variablen

Nr.    endogene Variable    exogene Variable
-------------------------------------------
 1           25                   21
 2           29                   24
 3           30                   32
 4           23                   25
 5           20                   22
 6           18                   21
 7           25                   23
 8           30                   24


Mittelwert der exogenen Variablen (x) = 24

Mittelwert der endogenen Variablen (y) = 25

a = 6.181818

b = .784091

Schaetzung des Erwartungswerts E(Y)
der endogenen Variablen              = 25.78409

Bestimmtheitsmass (r(x,y))^2         = .3757103

Korrelation r(x,y)                   = .6129521


Ziehen mit Zuruecklegen
-----------------------
Varianz der Schaetzung von E(Y)       = 1.605316
Zufallsfehler der Schaetzung von E(Y) = 1.267011

Variationskoeffizient                 = 5 %


Ziehen ohne Zuruecklegen
------------------------
Varianz der Schaetzung von E(Y)       = 1.491809
Zufallsfehler der Schaetzung von E(Y) = 1.221396

Variationskoeffizient                 = 5 %
```

III. Zeitreihenanalyse

PROGRAMM 23: Polynomiale Trendbereinigung

LADEANWEISUNG:
Das Programm wird geladen mit load"a:poltrber".

AUFGABE:
Mit diesem Programm wird eine polynomiale Trendbereinigung nach der Methode der kleinsten Quadrate durchgeführt. Der Benutzer entscheidet, welches Polynom (maximal 3. Grades) verwendet wird. Ein Polynom 1. Grades entspricht einer linearen Funktion mit OLS (ordinary least squares)-Parameterschätzungen a_1 (=a) und a_2 (=b). Ein Polynom 0. Grades entspricht der Schätzung der Niveaukonstanten a_1 (=a), so daß in diesem Fall die Trendbereinigung eine Mittelwertbereinigung ist.
Die Zeitindices werden vom Programm so bestimmt, daß ihr Durchschnitt den Wert Null annimmt, was die Berechnungen wesentlich vereinfacht. Im Falle des Polynoms 3. Grades liegt dann zwar formal ein Gleichungssystem vor, das aus 4 Gleichungen mit 4 Unbekannten besteht, das aber paarweise gelöst werden kann. Eine ausführliche Erörterung aller Details würde sehr viel Platz beanspruchen, so daß der Leser auf die angegebene Literatur verwiesen werden muß.
Neben der Ausgabe der Parameterschätzungen erfolgt in einer Tabelle zum Vergleich die Ausgabe der Beobachtungen, ihrer Trendschätzungen und der trendbereinigten Werte.

LITERATUR:
Leiner, B.: Einführung in die Zeitreihenanalyse. R. Oldenbourg Verlag. München-Wien 1986, Kapitel 2.

PROGRAMM:

```
100 CLS
110 PRINT"Trendbereinigung"
120 PRINT"----------------"
130 PRINT"(Trendpolynome)"
140 PRINT
150 DEF FN R(X)=INT(X*1000+.5)/1000
160 FOR I=1 TO 1000
170 READ X
180 IF X=-99 THEN 200
190 NEXT I
200 N=I-1
210 PRINT"Anzahl der Beobachtungen =";N
220 PRINT
230 DIM X(N),XG(N),XR(N)
240 RESTORE
250 PRINT"Beobachtungen"
260 PRINT"-------------"
270 FOR I=1 TO N
280 READ X(I)
290 PRINT X(I);
300 IF INT(I/10)=I/10 THEN PRINT
310 IF INT(I/100)=I/100 THEN GOSUB 490
320 NEXT I
330 GOSUB 490
340 GOSUB 550
350 GOSUB 490
360 CLS
370 IF NP=1 THEN PRINT"Mittelwertbereinigte Beobachtungen"
380 IF NP=2 THEN PRINT"Linear trendbereinigte Beobachtungen"
390 IF NP=3 THEN PRINT"Mit Polynom 2. Grades trendber. Beob."
400 IF NP=4 THEN PRINT"Mit Polynom 3. Grades trendber. Beob."
410 PRINT"-------------------------------------------"
420 PRINT"Beobachtung    Schaetzwert    trendber. Beob."
430 PRINT"-------------------------------------------"
440 FOR I=1 TO N
450 PRINT FN R(X(I));TAB(15) FN R(XG(I));TAB(30) FN R(XR(I))
460 IF INT(I/15)=I/15 THEN GOSUB 550
470 NEXT I
480 END
490 REM Unterprogramm Leertaste
500 PRINT
510 PRINT"Leertaste druecken!"
520 L$=INKEY$:IF L$<>" " THEN 520
530 CLS
540 RETURN
550 REM Unterprogramm polynomialer Trend
560 DIM T(N)
570 NT=(N-1)/2
580 FOR I=1 TO N
590 IN=I-1
600 T(I)=IN-NT
610 NEXT I
```

```
620 FOR I=1 TO N
630 S1=S1+X(I)
640 S2=S2+X(I)*T(I)
650 S3=S3+T(I)*T(I)
660 S4=S4+T(I)*T(I)*T(I)*T(I)
670 S5=S5+X(I)*T(I)*T(I)
680 S6=S6+X(I)*T(I)*T(I)*T(I)
690 S7=S7+T(I)*T(I)*T(I)*T(I)*T(I)*T(I)
700 NEXT I
710 A4=(S6*S3-S2*S4)/(S7*S3-S4*S4)
720 A3=(S5*N-S3*S1)/(S4*N-S3*S3)
730 CLS
740 PRINT"Trendbereinigung"
750 PRINT"1    Mittelwertbereinigung"
760 PRINT
770 PRINT"2    lineare Trendbereinigung"
780 PRINT
790 PRINT"3    Trendbereinigung Polynom 2. Grades"
800 PRINT
810 PRINT"4    Trendbereinigung Polynom 3. Grades"
820 PRINT
830 PRINT"1, 2, 3 oder 4 mit RETURN eingeben ";
840 INPUT NP
850 ON NP GOTO 860,900,940,960
860 REM Mittelwertbereingung
870 A3=0
880 A4=0
890 GOTO 960
900 REM linearer Trend
910 A3=0
920 A4=0
930 GOTO 960
940 REM Polynom 2. Grades
950 A4=0
960 REM Polynom 3. Grades
970 A1=(S1-A3*S3)/N
980 A2=(S2-A4*S4)/S3
990 IF NP=1 THEN A2=0
1000 PRINT
1010 FOR I=1 TO N
1020 XG(I)=A1+A2*T(I)+A3*T(I)*T(I)+A4*T(I)*T(I)*T(I)
1030 XR(I)=X(I)-XG(I)
1040 NEXT I
1050 PRINT"Parameterschaetzungen"
1060 PRINT"a1 =";A1
1070 PRINT"a2 =";A2
1080 PRINT"a3 =";A3
1090 PRINT"a4 =";A4
1100 RETURN
1110 REM Beobachtungen
1120 REM Hinweis> Nach der letzten Beobachtung muss -99 stehen!
1130 DATA 80, 82, 93, 85, 91, 86, 87, 89, 96, 97, 99, -99
```

PROGRAMMBESCHREIBUNG:

(100)   Bildschirm wird gelöscht.
(110-130)   Überschrift.
(150)   Rundungsfunktion (siehe PROGRAMM 2).
(160-210)   Von der DATA-Anweisung am Programmende werden die (durch Komma getrennten) Beobachtungen mit der READ-Anweisung eingelesen. Nach der letzten Beobachtung muß, ebenfalls durch Komma getrennt, der Wert -99 auf der DATA-Anweisung stehen. Mit dem Auffinden dieses Wertes wird wegen Anweisung (180) die Leseschleife (160-190) verlassen und zugleich mit (200) die Anzahl der Beobachtungen N vom Programm selbst ermittelt. Dieses Vorgehen empfiehlt sich für größere Datenmengen. Bei der Kontrolle der ausgegebenen Beobachtungen sollte der Benutzer jedoch auf Fehler achten (Beobachtungen oder Kommas auf der DATA-Anweisung vergessen usw.).
(230)   Jetzt erst können mit der DIM-Anweisung für die Variablen X, XG und XR Speicher für die Feldvariablen (Vektoren) reserviert werden.
(240)   Für ein erneutes Einlesen der Beobachtungen in die reservierten Speicher muß der Lesezeiger der READ-Anweisung an den Anfang der DATA-Anweisungen gesetzt werden mit der RESTORE-Anweisung.
(250-320)   Zur Kontrolle werden die gelesenen Beobachtungen ausgegeben, wobei je 10 Beobachtungen in einer Zeile stehen und bei großen Datenmengen alle 100 Beobachtungen mit Hilfe der Leertaste umgeblättert werden kann. In den Anweisungen (300) bzw. (310) kann der Benutzer durch Überschreiben von 10 bzw. 100 andere Werte seiner Wahl einsetzen.
(330)   Aufruf des Unterprogramms Leertaste.
(340)   Aufruf des Unterprogramms polynomialer Trend.
(350)   Aufruf des Unterprogramms Leertaste.
(360)   Bildschirm wird gelöscht.
(370-470)   Ausgabe von Beobachtungen, Schätzwerten und trendbereinigten Beobachtungen mit der jeweiligen Überschrift.
(480)   Programmende.
(490-540)   Unterprogramm Leertaste.

(550-1100) Unterprogramm polynomialer Trend:
In (560-610) werden zunächst Speicher für die Zeitindices reserviert und dann Zeitindices gebildet, deren Durchschnitt den Wert Null annimmt.
In (620-700) werden die für die Berechnung des Normalgleichungssystems notwendigen Summen gebildet.
In (710-720) erfolgt hieraus zunächst die Berechnung der Parameterschätzungen a_3 und a_4.
Mit (740-820) wird das Menu vorgestellt. Durch Eingabe eines Wertes von 1 bis 4 mit anschließendem Drücken der RETURN-Taste wählt der Benutzer eine der Trendbereinigungen (Polynomgrad) aus.
In (850) wird je nach dem gewählten Wert für NP verzweigt und in (960) wieder gesammelt, wobei für kleine Polynomgrade die höheren Parameter gleich Null gesetzt wurden.
In (970-980) werden dann die restlichen Parameterschätzungen a_1 und a_2 rekursiv aus a_3 und a_4 gewonnen, so daß in (990) nur noch für eine Mittelwertbereinigung a_2 auf Null gesetzt werden muß.
Diese Technik gestattet eine Straffung des Programms und vermeidet mehrfache Programmierung der gleichen Schätzformel.
In (1010-1040) werden im Unterprogramm die Trendschätzungen und Residuen berechnet, die dann im Hauptprogramm in (370-470) ausgegeben werden.
Im Unterprogramm werden mit (1050-1090) die Parameterschätzungen ausgegeben, dann erfolgt mit (1100) die Rückkehr in das Hauptprogramm.

(1130) In dieser und evtl. nachfolgenden DATA-Anweisungen werden die Beobachtungen durch Komma getrennt. Hinter der letzten Beobachtung ist, ebenfalls nach einem Komma, der Wert -99 zu setzen, an dem das Programm erkennt, daß die Eingabe beendet ist.

PROGRAMMBEISPIELE:

Start:
Eingabe von RUN und Drücken der RETURN-Taste.

Für die 11 Beobachtungen

80, 82, 93, 85, 91, 86, 87, 89, 96, 97, 99

werden die Berechnungen mit allen verfügbaren Polynomgraden durchgeführt.

Variationen:
Wenn es auch keine unüberwindlichen Schwierigkeiten bereitet, dieses Programm mit höheren Polynomgraden auszubauen, sollte m.E. in der Praxis ein hoher Polynomgrad kaum Verwendung finden, da schon durch Polynome 3. Grades Wendepunkte eingeführt werden, die sich nur selten sachlogisch rechtfertigen lassen. Im übrigen ist anzumerken, daß Polynome hohen Grades fest vorgegebene Punkte (z.B. in einem Streudiagramm) zwar besser approximieren können als Polynome niederen Grades, für Prognosen aufgrund ihrer schnelleren Divergenz jedoch mit Vorsicht (und ultrakurzfristig) einzusetzen sind.

AUSDRUCK DER PROGRAMMBEISPIELE:

Trendbereinigung

(Trendpolynome)

Anzahl der Beobachtungen = 11

Beobachtungen
----
 80 82 93 85 91 86 87 89 96 97
 99
Trendbereinigung
1   Mittelwertbereinigung

2   lineare Trendbereinigung

3   Trendbereinigung Polynom 2. Grades

4   Trendbereinigung Polynom 3. Grades

1, 2, 3 oder 4 mit RETURN eingeben   1

Parameterschaetzungen
a1 = 89.54546
a2 = 0
a3 = 0
a4 = 0

Mittelwertbereinigte Beobachtungen

Beobachtung   Schaetzwert   trendber. Beob.
----
  80   89.545   -9.545
  82   89.545   -7.545
  93   89.545   3.455
  85   89.545   -4.545
  91   89.545   1.455
  86   89.545   -3.545
  87   89.545   -2.545
  89   89.545   -.545
  96   89.545   6.455
  97   89.545   7.455
  99   89.545   9.455

Trendbereinigung

(Trendpolynome)

Anzahl der Beobachtungen = 11

Beobachtungen
----
80 82 93 85 91 86 87 89 96 97
99

Trendbereinigung
1   Mittelwertbereinigung

2   lineare Trendbereinigung

3   Trendbereinigung Polynom 2. Grades

4   Trendbereinigung Polynom 3. Grades

1, 2, 3 oder 4 mit RETURN eingeben   2

Parameterschaetzungen
a1 = 89.54546
a2 = 1.527273
a3 = 0
a4 = 0

Linear trendbereinigte Beobachtungen

Beobachtung   Schaetzwert   trendber. Beob.
----
   80   81.909   -1.909
   82   83.436   -1.436
   93   84.964   8.036
   85   86.491   -1.491
   91   88.018   2.982
   86   89.545   -3.545
   87   91.073   -4.073
   89   92.6   -3.6
   96   94.127   1.873
   97   95.655   1.345
   99   97.182   1.818

```
Trendbereinigung
----------------
(Trendpolynome)

Anzahl der Beobachtungen = 11

Beobachtungen
-------------
 80  82  93  85  91  86  87  89  96  97
 99
Trendbereinigung
1    Mittelwertbereinigung

2    lineare Trendbereinigung

3    Trendbereinigung Polynom 2. Grades

4    Trendbereinigung Polynom 3. Grades

1, 2, 3 oder 4 mit RETURN eingeben   3

Parameterschaetzungen
a1 = 88.79953
a2 = 1.527273
a3 = 7.459208E-02
a4 = 0

Mit Polynom 2. Grades trendber. Beob.
-------------------------------------------
Beobachtung    Schaetzwert    trendber. Beob.
-------------------------------------------
   80            83.028         -3.028
   82            83.884         -1.884
   93            84.889          8.111
   85            86.043         -1.043
   91            87.347          3.653
   86            88.8           -2.8
   87            90.401         -3.401
   89            92.152         -3.152
   96            94.053          1.947
   97            96.102           .898
   99            98.301           .699
```

Trendbereinigung

(Trendpolynome)

Anzahl der Beobachtungen = 11

Beobachtungen
----
 80 82 93 85 91 86 87 89 96 97
 99
Trendbereinigung
1   Mittelwertbereinigung

2   lineare Trendbereinigung

3   Trendbereinigung Polynom 2. Grades

4   Trendbereinigung Polynom 3. Grades

1, 2, 3 oder 4 mit RETURN eingeben 4

Parameterschaetzungen
a1 = 88.79953
a2 = .2202798
a3 = 7.459208E-02
a4 = 7.342658E-02

Mit Polynom 3. Grades trendber. Beob.

Beobachtung   Schaetzwert   trendber. Beob.

Beobachtung	Schaetzwert	trendber. Beob.
80	80.385	-.385
82	84.413	-2.413
93	86.82701	6.173
85	88.07	-3.07
91	88.58	2.42
86	88.8	-2.8
87	89.168	-2.168
89	90.126	-1.126
96	92.114	3.886
97	95.573	1.427
99	100.944	-1.944

PROGRAMM 24: Gleitende Mittel für ein Trendpolynom 3. Grades

LADEANWEISUNG:
Das Programm wird geladen mit load"a:gleitmit".

AUFGABE:
Ein Trendpolynom 1. Grades (Trendgerade) kann durch ein symmetrisches gleitendes Mittel mit einer ungeraden Anzahl M von Elementen und identischen Gewichten, die sich zu 1 ergänzen, approximiert werden. Für M = 3 erhält man also

$$(24.1) \quad \hat{x}_t = \frac{1}{3} \cdot x_{t-1} + \frac{1}{3} \cdot x_t + \frac{1}{3} \cdot x_{t+1},$$

wobei x_{t-1}, x_t und x_{t+1} drei benachbarte Beobachtungen der Zeitreihe sind. Entsprechend erhält man für ein Trendpolynom 3. Grades (identisch für ein Trendpolynom 2. Grades) nach der Methode der kleinsten Quadrate ein symmetrisches gleitendes Mittel ($D_{3,M}$) mit Gewichten g_τ ($\tau = -m, \ldots, -1, 0, 1, \ldots, m$)

$$(24.2) \quad \hat{x}_t = g_m \cdot x_{t-m} + \ldots + g_0 \cdot x_t + \ldots + g_m \cdot x_{t+m},$$

wobei M = 2m+1 wieder die Anzahl der Gewichte für M Beobachtungen der Zeitreihe bezeichnet. Die Gewichte sind nun zwar auch hier Konstanten, sind aber nicht mehr identisch.
Die Technik dieser gleitenden Mittel besteht darin, daß in einem sogenannten Stützbereich M Beobachtungen mit diesen symmetrischen Gewichten gemittelt werden, so daß man für den in der Mitte stehenden Beobachtungswert x_t eine Trendschätzung erhält. Dieser Stützbereich bewegt sich nun, einer Schablone vergleichbar, über die Zeitreihe, wobei stets der älteste Beobachtungswert den Stützbereich verläßt und an seiner Stelle am anderen Ende des Stützbereichs ein neuer Beobachtungswert aufgenommen wird, so daß sich die Positionen der restlichen M-1 Beobachtungen um 1 verschieben.
Der Vorzug der Technik besteht darin, daß der numerische Wert der Gewichte unabhängig von den tatsächlichen Werten der Zeitreihe bestimmt wird und nur von der Position im Stützbereich abhängt.

III. Zeitreihenanalyse

Ein Nachteil symmetrischer gleitender Mittel kann darin gesehen werden, daß für die ersten und letzten m Werte der Zeitreihe keine Schätzung erfolgt (Hier können asymmetrische gleitende Mittel Abhilfe schaffen).
Die Gewichte werden unter Verwendung der in Leiner (1986), S.31 entwickelten Formel bestimmt.

LITERATUR:

Leiner, B.: Einführung in die Zeitreihenanalyse. R. Oldenbourg
        Verlag. München-Wien 1986, Abschnitt 2.6.

PROGRAMM:

```
100 CLS
110 PRINT"Gleitende Mittel fuer ein Trend-"
120 PRINT"polynom 3. Grades (D3,M)"
130 PRINT"-------------------------------"
140 DIM G(250)
150 PRINT:PRINT
160 INPUT"(Ungerade) Anzahl der Gewichte M (RETURN) "; M
170 IF M<5 THEN PRINT"M muss mindestens 5 sein":GOTO 160
180 IF M/2=INT(M/2) THEN PRINT"M muss ungerade sein":GOTO 160
190 A=M*(M*M-4)/3
200 B=(3*M*M-7)/4
210 C=5
220 IF INT(B/5)=B/5 THEN 240
230 GOTO 270
240 A=A/5
250 C=1
260 B=B/5
270 PRINT"Nenner der Gewichte =";A
280 PRINT
290 PRINT"Zaehler der Gewichte: Symmetrie um g(0)"
300 PRINT"--------------------------------------"
310 FOR I=0 TO (M-1)/2
320 G(I)=B-C*I*I
330 IF INT(I/15)=I/15 THEN 350
340 GOTO 360
350 IF I>0 THEN GOSUB 430
360 PRINT"g(";I;;")=";G(I)
370 NEXT I
380 FOR I=0 TO (M-1)/2
390 G(I)=0
400 NEXT I
410 GOSUB 430
420 GOTO 160
430 REM Unterprogramm Leertaste
440 PRINT"Leertaste druecken!"
450 A$=INKEY$:IF A$<>" " THEN 450
460 CLS
470 RETURN
```

PROGRAMMBESCHREIBUNG:

(100) Bildschirm wird gelöscht.
(110-130) Überschrift.
(140) Mit der DIM-Anweisung werden für maximal m = 250 Gewichtswerte Speicher für die Feldvariablen (Vektoren) reserviert.
(160) Der Benutzer bestimmt die (ungerade) Anzahl M der Gewichte durch Eingabe dieses Wertes über die Tastatur mit nachfolgendem Drücken der RETURN-Taste.
(170-180) Da der gleitende Durchschnitt für ein Trendpolynom 3. Grades mindestens 5 Werte umfassen muß und die Berechnung nur für ungerade Anzahlen von Elementen durchgeführt werden, erfolgt bei unzulässigen Werten eine Fehlermeldung.
(190-260) Die Berechnung berücksichtigt, daß alle Gewichte für festes M den gleichen Nenner aufweisen, so daß Zähler und Nenner separat berechnet werden.
Ist die Zählergröße durch 5 teilbar, nimmt das Programm automatisch Kürzungen vor. Andere Kürzungen, die zugleich alle Zählergrößen betreffen, können nicht auftreten.
(270) Der Nenner A der Gewichte wird ausgegeben.
(290-400) Der Zähler der jeweiligen Gewichte wird berechnet und ausgegeben. Hierbei ist $g(0)$ das mittlere Gewicht, um das symmetrisch die Gewichte $g(-1)=g(1)$, $g(-2)=g(2),\ldots,g(-m)=g(m)$ liegen. Aufgrund der Symmetrie genügt die Ausgabe der Gewichte $g(0)$, $g(1)$, $\ldots$, $g(m)$ mit $m = \frac{M-1}{2}$.
Werden mehr als 15 Gewichte berechnet, so wird die Ausgabe angehalten, bis der Benutzer die Leertaste betätigt.
(410) Aufruf des Unterprogramms Leertaste.
(420) Rücksprung zur Eingabe.
(430-470) Unterprogramm Leertaste.

PROGRAMMBEISPIELE:

Start:

Eingabe von RUN und Drücken der RETURN-Taste.

Als Programmbeispiele wurden die ungeraden Wert von 5 bis 13 gewählt für M, die Anzahl der Elemente des gleitenden Mittels. Für M = 5 erhalten wir als Ergebnis das gleitende Mittel $D_{3,5}$ mit der Trendschätzung

$$\hat{x}_t = \frac{1}{35} \cdot (-3 \cdot x_{t-2} + 12 \cdot x_{t-1} + 17 \cdot x_t + 12 \cdot x_{t+1} - 3 \cdot x_{t+2})$$

(Wegen eines Rechenbeispiels sei verwiesen auf Leiner(1986), S. 32).

Für M = 7 erhalten wir als Ergebnis das gleitende Mittel $D_{3,7}$ mit der Trendschätzung

$$\hat{x}_t = \frac{1}{21} \cdot (-2x_{t-3} + 3x_{t-2} + 6x_{t-1} + 7x_t + 6x_{t+1} + 3x_{t+2} - 2x_{t+3})$$

usw.

Variationen:

Je größer M gewählt wird, um so stärker ist der Glättungseffekt, d.h. um so stärker wird die Variation der Zeitreihe reduziert. Dieses Programm ist daher besonders für große Stützbereiche attraktiv, wenn man berücksichtigt, daß die in der sonstigen Literatur zu findenden Tabellen nur für Stützbereiche mit bis zu 21 Elementen Gewichtsangaben bereithalten. Anstelle umständlicher Minimierungen von Fall zu Fall ist die Ausgabe für M = 49 (einer z.B. von der amtlichen Statistik verwendeten Länge des Stützbereichs) mit diesem Programm eine Sache von Sekunden.

Das Programm ist ausbaufähig zur direkten Trendelimination, wenn - wie in Leiner (1986), S. 20ff gezeigt - noch eine vektorwertige Subtraktion durchgeführt wird. Während die Summe der Gewichte der Trendschätzung den Wert 1 ergibt, liefert die Summe der Gewichte der Trendelimination den Wert Null, was zur Kontrolle der Berechnungen verwendet werden kann.

AUSDRUCK DER PROGRAMMBEISPIELE:

Gleitende Mittel fuer ein Trendpolynom 3. Grades (D3,M)

(Ungerade) Anzahl der Gewichte M (RETURN)   5
Nenner der Gewichte = 35

Zaehler der Gewichte: Symmetrie um g(0)
----
g(0)= 17
g(1)= 12
g(2)=-3
Leertaste druecken!
(Ungerade) Anzahl der Gewichte M (RETURN)   7
Nenner der Gewichte = 21

Zaehler der Gewichte: Symmetrie um g(0)
----
g(0)= 7
g(1)= 6
g(2)= 3
g(3)=-2
Leertaste druecken!
(Ungerade) Anzahl der Gewichte M (RETURN)   9
Nenner der Gewichte = 231

Zaehler der Gewichte: Symmetrie um g(0)
----
g(0)= 59
g(1)= 54
g(2)= 39
g(3)= 14
g(4)=-21
Leertaste druecken!
(Ungerade) Anzahl der Gewichte M (RETURN)   11
Nenner der Gewichte = 429

Zaehler der Gewichte: Symmetrie um g(0)
----
g(0)= 89
g(1)= 84
g(2)= 69
g(3)= 44
g(4)= 9
g(5)=-36
Leertaste druecken!
(Ungerade) Anzahl der Gewichte M (RETURN)   13
Nenner der Gewichte = 143

Zaehler der Gewichte: Symmetrie um g(0)
----
g(0)= 25
g(1)= 24
g(2)= 21
g(3)= 16
g(4)= 9
g(5)= 0
g(6)=-11
Leertaste druecken!

PROGRAMM 25: Autokorrelation

LADEANWEISUNG:
Das Programm wird geladen mit load"a:autokorr".

AUFGABE:
Mit den n Beobachtungen $x_1, \ldots, x_n$ einer Zeitreihe sollen die **Autokovarianzen**

$$(25.1) \qquad \gamma(\tau) = \frac{1}{n} \sum_{t=1}^{n-\tau} (x_t - \bar{x}) \cdot (x_{t+\tau} - \bar{x}) \qquad \tau=1,\ldots,n-1$$

berechnet werden, wobei für das zeitliche Mittel gilt

$$(25.2) \qquad \bar{x} = \frac{1}{n} \sum_{t=1}^{n} x_t .$$

Am Index τ erkennt man die zeitliche Verzögerung (lag).
Für $\tau = 0$ erhält man aus (25.1) die Varianz $\gamma(0)$ der Beobachtungen. Für n Beobachtungen lassen sich maximal n-1 lags berechnen.
Aus den Autokovarianzen erhält man durch Normierung mit der Varianz die **Autokorrelationen**

$$(25.3) \qquad \rho(\tau) = \frac{\gamma(\tau)}{\gamma(0)} \qquad \tau=1,\ldots,n-1$$

Für $\tau = 0$ erhält man die Korrelation einer Variablen mit sich selbst (ohne zeitliche Verzögerung), so daß $\rho(0)$ den Wert 1 annimmt.

LITERATUR:
Leiner, B.: Einführung in die Zeitreihenanalyse. R. Oldenbourg Verlag. München-Wien 1986, Kapitel 5.

PROGRAMM:

```
100 CLS
110 PRINT"Autokorrelationen"
120 PRINT"-----------------"
130 DEF FN R(X)=INT (X*1000+.5)/1000
140 READ N
150 PRINT"Anzahl der Beobachtungen =";N
160 PRINT
170 READ M
180 PRINT"Anzahl der lags           =";M
190 PRINT
200 DIM X(N),CV(M),CR(M)
210 PRINT"Beobachtungen"
220 PRINT"-------------"
230 FOR I=1 TO N
240 READ X(I)
250 PRINT X(I);
260 IF INT(I/10)=I/10 THEN PRINT
270 NEXT I
280 GOSUB 640
290 FOR I=1 TO N
300 S1=S1+X(I)
310 NEXT I
320 XQ=S1/N
330 PRINT:PRINT
340 PRINT"Mittelwert =";XQ
350 PRINT
360 GOSUB 640
370 PRINT"Autokovarianzen"
380 PRINT"---------------"
390 PRINT"( cv(0) = Varianz)"
400 PRINT
410 FOR I=1 TO N
420 X(I)=X(I)-XQ
430 NEXT I
440 FOR J=0 TO M
450 FOR K=1 TO N-J
460 CV(J)=CV(J)+X(K)*X(K+J)
470 NEXT K
480 IF INT(J/10)=J/10 THEN 500
490 GOTO 510
500 IF J>0 THEN GOSUB 640
510 PRINT"cv(";J;")=";FN R(CV(J)/N)
520 CR(J)=CV(J)/CV(0)
530 NEXT J
540 GOSUB 640
550 PRINT"Autokorrelationen"
560 PRINT"-----------------"
570 FOR J=0 TO M
580 IF INT(J/10)=J/10 THEN 600
590 GOTO 610
600 IF J>0 THEN GOSUB 640
610 PRINT"cr(";J;")="; FN R(CR(J))
620 NEXT J
630 END
```

```
640 REM Unterprogramm Leertaste
650 PRINT
660 PRINT"Leertaste druecken!"
670 PRINT
680 L$=INKEY$:IF L$<>" " THEN 680
690 CLS
700 RETURN
710 REM Anzahl der Beobachtungen
720 DATA 16
730 REM Anzahl der lags
740 DATA 15
750 REM Beobachtungen
760 DATA 1.6,  .8, 1.2,  .5,  .9, 1.1, 1.1,  .6, 1.5
770 DATA  .8,  .9, 1.2,  .5, 1.3,  .8, 1.2
```

PROGRAMMBESCHREIBUNG:

(100)   Bildschirm wird gelöscht.

(110-120)   Überschrift.

(130)   Rundungsfunktion (siehe PROGRAMM 2).

(140-150)   Die Anzahl der Beobachtungen wird von der ersten DATA-Anweisung (720) gelesen und zur Kontrolle ausgegeben.

(170-180)   Die Anzahl der lags wird von der zweiten DATA-Anweisung (740) gelesen und zur Kontrolle ausgegeben.

(200)   Mit der DIM-Anweisung werden für X, CV und CR Speicher für die Feldvariablen (Vektoren) reserviert.

(210-270)   Die Beobachtungen werden von den DATA-Anweisungen (760-770) gelesen und zur Kontrolle ausgegeben.

(280)   Aufruf des Unterprogramms Leertaste.

(290-340)   Das zeitliche Mittel (25.2) wird berechnet und ausgegeben.

(360)   Aufruf des Unterprogramms Leertaste.

(370-530)   Die Autokovarianzen werden berechnet und ausgegeben, wobei mit einer Mittelwertbereinigung (410-430) gearbeitet wird und überflüssige Divisionen für die Berechnung der Autokorrelationen (520) vermieden werden.

(540)   Aufruf des Unterprogramms Leertaste.

(550-620)   Ausgabe der Autokorrelationen.

(630)   Programmende.

(640-700)   Unterprogramm Leertaste.

(720)   DATA-Anweisung für die Anzahl der Beobachtungen (n).
(740)   DATA-Anweisung für die Anzahl der lags (maximal n-1).
(760-770) DATA-Anweisungen für die n Beobachtungen, die durch
         Komma getrennt sein müssen.

PROGRAMMBEISPIEL:

Start:
Eingabe von RUN und Drücken der RETURN-Taste.

Mit den 16 Beobachtungen

1,6/0,8/1,2/0,5/0,9/1,1/1,1/0,6/1,5/0,8/0,9/1,2/0,5/1,3/0,8/1,2

wurden die Autokovarianzen und Autokorrelationen bis zur 15.
Ordnung (Anzahl der lags) berechnet.

Variationen:
Man könnte in Formel (25.1) statt mit n auch mit (n-τ) dividieren. Eine derartige Formel w d jedoch seltener verwendet.
Für erfahrene Programmierer dürfte eine entsprechende Veränderung der Berechnungen keine Schwierigkeiten bereiten.

AUSDRUCK DES PROGRAMMBEISPIELS:

Autokorrelationen

Anzahl der Beobachtungen = 16

Anzahl der lags   = 15

Beobachtungen

 1.6 .8 1.2 .5 .9 1.1 1.1 .6 1.5 .8
  .9 1.2   .5 1.3 .8 1.2

Mittelwert = 1

Autokovarianzen

(cv(0) = Varianz)

cv(0)= .102
cv(1)=-.056
cv(2)= .026
cv(3)=-.011
cv(4)=-.017
cv(5)= .007
cv(6)= .004
cv(7)=-.012
cv(8)= .012
cv(9)= .01

cv(10)=-.019
cv(11)= .023
cv(12)=-.031
cv(13)= .016
cv(14)=-.01
cv(15)= 8.000001E-03

Autokorrelationen
----
cr(0)= 1
cr(1)=-.549
cr(2)= .25
cr(3)=-.104
cr(4)=-.165
cr(5)= .067
cr(6)= .037
cr(7)=-.116
cr(8)= .122
cr(9)= .098

cr(10)=-.189
cr(11)= .22
cr(12)=-.305
cr(13)= .159
cr(14)=-.098
cr(15)= .073

PROGRAMM 26: Partielle Autokorrelationen

LADEANWEISUNG:
Das Programm wird geladen mit load"a:partakor".

AUFGABE:
Zur Schätzung der Parameter von autoregressiven Prozessen bzw. von moving average-Prozessen sind die sogenannten Yule-Walker-Gleichungen zu lösen. Dies ist ein aus der Grundgleichung durch Bildung von Autokorrelationen entstandenes Gleichungssystem n-ter Ordnung (n Gleichungen, n Unbekannte). Mit dem Durbin-Algorithmus kann das Gleichungssystem rekursiv gelöst werden. Die Rekursionsformeln für die Schätzungen der partiellen Autokorrelationen lauten (mit dem Sysmbol r werden die empirischen Autokorrelationen bezeichnet):

$$(26.1) \quad \hat{\phi}_{p+1,p+1} = \frac{r_{p+1} - \sum_{j=1}^{p} \hat{\phi}_{pj} \cdot r_{p+1-j}}{1 - \sum_{j=1}^{p} \hat{\phi}_{pj} \cdot r_j} \quad \text{für } p = 1, 2, \ldots$$

und

$$(26.2) \quad \hat{\phi}_{p+1,j} = \hat{\phi}_{pj} - \hat{\phi}_{p+1,p+1} \cdot \hat{\phi}_{p,p+1-j} \quad \begin{array}{l}\text{für } p = 1, 2, \ldots \\ \text{und } j = 1, 2, \ldots, p.\end{array}$$

LITERATUR:
Leiner, B.: Einführung in die Zeitreihenanalyse. R. Oldenbourg Verlag. München-Wien 1986, Kapitel 5, s. bes. S. 101-102.

PROGRAMM:

```
100 CLS
110 PRINT"Partielle Autokorrelationen"
120 PRINT"---------------------------"
130 PRINT"(Durbin-Algorithmus)"
140 DEF FN R(X)=INT(X*10000+.5)/10000
150 READ M
160 PRINT"Anzahl der lags =";M
170 PRINT
180 DIM CR(M)
190 PRINT"Autokorrelationen"
200 PRINT"-----------------"
210 FOR I=0 TO M
220 READ CR(I)
230 PRINT"cr(";I;")=";CR(I)
240 IF INT(I/10)=I/10 THEN GOSUB 680
250 NEXT I
260 PRINT:PRINT
270 INPUT"Anzahl der partiellen Autokorrelationen ";L
280 PRINT:PRINT
290 DIM PA(L,L)
300 PRINT"partielle Autokorrelationen"
310 PRINT"bis zur ";L;". Ordnung"
320 PRINT"---------------------------"
330 PA(1,1)=CR(1)
340 PRINT"PA( 1, 1 ) =";  FN R(PA(1,1))
350 FOR I=1 TO L-1
360 S=0
370 T=0
380 FOR J=1 TO I
390 S=S+PA(I,J)*CR(I-J+1)
400 T=T+PA(I,J)*CR(J)
410 NEXT J
420 PA(I+1,I+1)=(CR(I+1)-S)/(1-T)
430 PRINT"PA(";I+1;",";I+1;")=";FN R(PA(I+1,I+1))
440 FOR J=1 TO I
450 PA(I+1,J)=PA(I,J)-PA(I+1,I+1)*PA(I,I-J+1)
460 PRINT"PA(";I+1;",";J;")=";  FN R(PA(I+1,J))
470 NEXT J
480 NEXT I
490 PRINT:PRINT
500 PRINT"PA(k,k)-Werte (j/n  mit RETURN)";
510 INPUT P$
520 IF P$="n" THEN END
530 PRINT:PRINT
540 PRINT"partielle Autokorrelationen PA(k,k)"
550 PRINT"-----------------------------------"
560 FOR I=1 TO L
570 PRINT"PA(";I;",";I;")=";  FN R(PA(I,I))
580 NEXT I
590 PRINT:PRINT
600 PRINT"Konfidenzband (j/n mit RETURN)";
610 INPUT K$
620 IF K$="n" THEN END
```

```
630 INPUT"Anzahl der Beobachtungen";N
640 KF=1.96/SQR(N)
650 PRINT:PRINT
660 PRINT"5%-Konfidenzband (Quenouille) =";FN R(KF)
670 END
680 REM Unterprogramm Leertaste
690 PRINT
700 PRINT"Leertaste druecken"
710 PRINT
720 L$=INKEY$:IF L$<>" " THEN 720
730 RETURN
740 REM Anzahl der (echten) Autokorrelationen
750 DATA 15
760 REM Werte der Autokorrelationen
770 REM Hinweis> der 1. Wert muss 1 sein (wegen cr(0)=1)
780 DATA     1, -.549,    .25, -.104, -.165
790 DATA  .067,  .037, -.116,  .122,  .098
800 DATA -.189,  .22 , -.305,  .159, -.098
810 DATA  .073
```

PROGRAMMBESCHREIBUNG:

(100)   Bildschirm wird gelöscht.

(110-130)   Überschrift.

(140)   Rundungsfunktion (siehe PROGRAMM 2).

(150-160)   Die Anzahl der lags wird von der ersten DATA-Anweisung (750) gelesen und zur Kontrolle ausgegeben.

(180)   Mit der DIM-Anweisung werden für die Autokorrelationen CR Speicher für die Feldvariablen (Vektoren) reserviert.

(190-250)   Die Autokorrelationen werden von den DATA-Anweisungen (780-810) gelesen und zur Kontrolle ausgegeben.

(270)   Der Benutzer gibt über die Tastatur mit anschließendem Drücken der RETURN-Taste die von ihm (maximal) gewünschte Anzahl der partiellen Autokorrelationen ein.

(290)   Mit der DIM-Anweisung werden für die partiellen Autokorrelationen PA Speicher für die Feldvariablen (Vektoren) reserviert.

(300-320)   Tabellenüberschrift.

(330)   Die Schätzung der ersten partiellen Autokorrelationen PA(1,1) entspricht der empirischen Autokorrelation 1. Ordnung.

(340)   Ausgabe von PA(1,1).

(350-480) Durbin-Algorithmus:
In (380-410) Erstellung der Zählersumme S und der Nennersumme T für Formel (26.1), die in (420) berechnet und in (430) ausgegeben wird.
In (450) Berechnung von Formel (26.2), die in (460) ausgegeben wird.
(500-510) Der Benutzer hat hier durch Eingabe von j mit anschließendem Drücken der RETURN-Taste die Möglichkeit, die PA(k,k)-Werte allein in der Ausgabe zu sehen. Mit ihnen kann die Ordnung des Prozesses bestimmt werden.
(520) Programmende, wenn diese Option nicht gewünscht wird.
(540-580) Ausgabe der PA(k,k)-Werte.
(600-610) Der Benutzer kann die Ausgabe eines Konfidenzbandes wählen.
(620) Programmende, wenn diese Option nicht gewünscht wird.
(630-660) Für die nach Quenouille zu bildende Formel muß der Benutzer die Anzahl der Beobachtungen über die Tastatur mit nachfolgendem Drücken der RETURN-Taste eingeben.
(670) Programmende.
(680-730) Unterprogramm Leertaste.
(750) DATA-Anweisung für die Anzahl der echten Autokorrelationen (d.h. wenn r(0) = 1 nicht mitgezählt wird).
(780-810) Die empirischen Autokorrelationen, beginnend mit dem Wert 1 für r(0), werden, durch Komma getrennt, per DATA-Anweisung eingegeben.

PROGRAMMBEISPIEL:

Start:

Eingabe von RUN und Drücken der RETURN-Taste.

Aus den 15 (echten) Autokorrelationen, die das PROGRAMM 25 lieferte, werden die partiellen Autokorrelationen bis zur 3. Ordnung berechnet. Nur der Wert PA(1,1) liegt mit -0,549 außerhalb des 5%-Konfidenzbands [-0,49 ; 0,49] um den Wert Null. Mit einer Irrtumswahscheinlichkeit von 5% spricht dies für einen AR(1)-Prozeß.

Variationen:

Der geübte Programmierer verbindet die PROGRAMME 24 und 25 bei Bedarf zu einem einzigen Programm, so daß eine Eingabe des Outputs von PROGRAMM 24 als Input von PROGRAMM 25 erspart wird.

Durch Einsetzen anderer Tabellenwerte der Standardnormalverteilung in Anweisung (640)(siehe auch Tabelle in PROGRAMM 17) kann mit anderen Irrtumswahrscheinlichkeiten gearbeitet werden. Natürlich kann auch der Test von Quenouille durch einen neueren Test ersetzt werden.

AUSDRUCK DES PROGRAMMBEISPIELS:

```
Partielle Autokorrelationen
---------------------------
(Durbin-Algorithmus)
Anzahl der lags = 15

Autokorrelationen
-----------------
cr( 0 )= 1
cr( 1 )=-.549
cr( 2 )= .25
cr( 3 )=-.104
cr( 4 )=-.165
cr( 5 )= .067
cr( 6 )= .037
cr( 7 )=-.116
cr( 8 )= .122
cr( 9 )= .098
cr( 10 )=-.189
cr( 11 )= .22
cr( 12 )=-.305
cr( 13 )= .159
cr( 14 )=-.098
cr( 15 )= .073


Anzahl der partiellen Autokorrelationen ? 3

partielle Autokorrelationen
bis zur  3 . Ordnung
---------------------------
PA( 1, 1 ) =-.549
PA( 2 , 2 )=-.0736
PA( 2 , 1 )=-.5894
PA( 3 , 3 )= .0043
PA( 3 , 1 )=-.5891
PA( 3 , 2 )=-.0711
```

```
PA(k,k)-Werte (j/n  mit RETURN)        j


partielle Autokorrelationen PA(k,k)
-----------------------------------
PA( 1 , 1 )=-.549
PA( 2 , 2 )=-.0736
PA( 3 , 3 )= .0043


Konfidenzband (j/n mit RETURN)        j
Anzahl der Beobachtungen ? 16


5%-Konfidenzband (Quenouille) = .49
```

PROGRAMM 27: Transferfunktion für Differenzenfilter

LADEANWEISUNG:
Das Programm wird geladen mit load"a:trandiff".

AUFGABE:
Aufgrund des Verlaufs von Transferfunktionen läßt sich die
Wirkung linearer zeitinvarianter Filter begutachten. Für erste
gewöhnliche Differenzen

$$\Delta x_t = x_t - x_{t-1}$$

erhält man durch Fouriertransformation die Transferfunktion

(27.1) $T_\Delta (\lambda) = 2 \cdot (1 - \cos\lambda)$; $\lambda \in [0, \pi]$,

wobei λ die Kreisfrequenz darstellt.

Durch Einsetzen von $\lambda = 0$ erkennt man, daß $T_\Delta(0) = 0$, d.h.
daß die Nullfrequenz einer Zeitreihe ausgeschaltet wird.
Entsprechend erhält man an der Stelle $\lambda = \pi$ mit $T_\Delta(\pi) = 4$
eine Vervierfachung der Zweiperiodenschwingung der ursprüng-
lichen Zeitreihe. Dies bedeutet für eine auf Monatsdaten beru-
hende Zeitreihe eine Vervierfachung der Zweimonatsschwingung
in dieser Zeitreihe, wenn erste Differenzen verwendet werden.

Allgemein erhält man für d-fache gewöhnliche Differenzen $\Delta^d x_t$
die Transferfunktion

(27.2) $\quad T_{\Delta^d}(\lambda) = 2^d \cdot (1 - \cos\lambda)^d \quad\quad ; \lambda \in [0, \pi],$

d.h. die d-te Potenz von (27.1).

Für die saisonale Differenz

$$\Delta_s x_t = x_t - x_{t-s}$$

(prominente Werte für s sind s = 4 für Quartalsdaten bzw. s = 12 für Monatsdaten, d.h. es wird die Differenz gleicher Quartale bzw. gleicher Monate aufeinanderfolgender Jahre gebildet) lautet die Transferfunktion

(27.3) $\quad T_{\Delta_s}(\lambda) = 2 \cdot [1 - \cos(s\lambda)] \quad\quad ; \lambda \in [0, \pi].$

Auch hier hat die D-fache saisonale Differenz eine Transferfunktion, die die D-te Potenz von (27.3) ist, da die Transferfunktion sukzessiver Filter das Produkt der beteiligten Transferfunktionen ist.

LITERATUR:
Leiner, B.: Einführung in die Zeitreihenanalyse. R. Oldenbourg Verlag. München-Wien 1986, Kapitel 7.

PROGRAMMBESCHREIBUNG:
- (100)   Bildschirm wird gelöscht.
- (110-130) Überschrift.
- (140)   Rundungsfunktion (siehe PROGRAMM 2).
- (150)   Mit der DIM-Anweisung wird für die 6 Zeichenketten des Menus Speicherplatz für die Feldvariablen reserviert.
- (160-210) Definition der Zeichenketten.
- (220-250) Ausgabe des Menus.
- (270-280) Der Benutzer gibt eine der Zahlen von 1 bis 6 mit nachfolgendem Drücken der RETURN-Taste über die Tastatur ein.

PROGRAMM:

```
100 CLS
110 PRINT"Transferfunktion fuer
120 PRINT"Differenzenfilter"
130 PRINT"---------------------"
140 DEF FN R(X)=INT(X*100+.5)/100
150 DIM W$(6)
160 W$(1)="1    gewoehnliche Differenzen 1. Ordnung"
170 W$(2)="2    gewoehnliche Differenzen 2. Ordnung"
180 W$(3)="3    gewoehnliche Differenzen 3. Ordnung"
190 W$(4)="4    saisonale Differenzen 1. Ordnung"
200 W$(5)="5    saisonale Differenzen 2. Ordnung"
210 W$(6)="6    gewoehnliche + saisonale Diff. 1. Ordnung"
220 FOR I=1 TO 6
230 PRINT W$(I)
240 PRINT
250 NEXT I
260 PRINT:PRINT
270 PRINT"Gewuenschte Zahl (1 bis 6) mit RETURN eingeben    ";
280 INPUT W
290 IF W<1 THEN 220
300 CLS
310 PRINT W$(W)
320 PRINT"--------------------------------------------"
330 PRINT
340 INPUT"Schrittweite (z.B. .1) mit RETURN eingeben";SW
350 PRINT:PRINT
360 IF W>3 THEN 440
370 PRINT"Kreisfrequenz    Transferfunktion"
380 PRINT"------------------------------"
390 FOR X=0 TO 3.14 STEP SW
400 Y=(2*(1-COS(X)))^W
410 PRINT FN R(X); TAB(15) FN R(Y)
420 NEXT X
430 END
440 REM saisonale Differenzen
450 PRINT"Monat (m) oder Quartal(q) ?"
460 PRINT
470 PRINT"Buchstaben m oder q druecken!"
480 INPUT S$
490 PRINT
500 IF S$="m" THEN SD=12
510 IF S$="q" THEN SD=4
520 PRINT"Kreisfrequenz    Transferfunktion"
530 PRINT"------------------------------"
540 IF W=6 THEN 600
550 FOR X=0 TO 3.14 STEP SW
560 Y=(2*(1-COS(X*SD)))^(W-3)
570 PRINT FN R(X); TAB(15) FN R(Y)
580 NEXT X
590 END
600 FOR X=0 TO 3.14 STEP SW
610 Y=4*(1-COS(X))*(1-COS(X*SD))
620 PRINT FN R(X); TAB(15) FN R(Y)
630 NEXT X
640 END
```

(290)   Rückkehr zum Menu, wenn ein Wert eingegeben wurde,
           der kleiner als 1 ist.
(300)   Bildschirm wird gelöscht.
(310-320) Die jeweilige Überschrift wird ausgegeben.
(340)   Der Benutzer wählt die Schrittweite für die Tabellierung.
(360)   Sprungbefehl für saisonale Differenzen.
(370-430) Berechnung und Ausgabe der Transferfunktion für die
           gewöhnlichen Differenzen bis zur 3. Ordnung.
(440-530) Der Benutzer entscheidet sich für die Art der saisonalen Differenzen (s = 4 oder s = 12) durch Eingabe von q oder m mit anschließendem Drücken der
           RETURN-Taste.
(540)   Sprungbefehl für gemischte Differenzen.
(550-590) Berechnung und Ausgabe der Transferfunktion für
           saisonale Differenzen bis zur 2. Ordnung.
(600-640) Berechnung und Ausgabe der Transferfunktion für gemischte Differenzen (gewöhnliche + saisonale Differenzen 1. Ordnung).

PROGRAMMBEISPIELE:
Start:
Eingabe von RUN und Drücken der RETURN-Taste.

Für gewöhnliche Differenzen 1. Ordnung (1) erkennt man den
monotonen Anstieg der Transferfunktion von 0 bis 4.
Für gewöhnliche Differenzen 2. Ordnung (2) wird entsprechend
an der Stelle $\lambda = \pi$ der Wert 16 erreicht.
Für gewöhnliche Differenzen 3. Ordnung wird an der Stelle $\lambda = \pi$
der Wert 64 erreicht.
Für saisonale Differenzen 1. Ordnung (4) läßt sich für s = 12
ein sechsmaliges Auf und Ab beobachten (Maximalwert jeweils 4,
Minimalwert jeweils 0).
Für saisonale Differenzen 2. Ordnung (5) läßt sich für s = 12
ein sechsmaliges Auf und Ab beobachten (Maximalwert jeweils 16,
Minimalwert jeweils 0).
Für gewöhnliche + saisonale Differenzen 1. Ordnung (6) läßt
sich für s = 12 eine Oszillation beobachten, die an Stärke
zunimmt, bis sie den Maximalwert 16 erreicht.

Variationen:
Die Tabellenwerte eignen sich für Plotprogramme.

AUSDRUCK DER PROGRAMMBEISPIELE:

Transferfunktion fuer
Differenzenfilter
----

1   gewoehnliche Differenzen 1. Ordnung

2   gewoehnliche Differenzen 2. Ordnung

3   gewoehnliche Differenzen 3. Ordnung

4   saisonale Differenzen 1. Ordnung

5   saisonale Differenzen 2. Ordnung

6   gewoehnliche + saisonale Diff. 1. Ordnung

Gewuenschte Zahl (1 bis 6) mit RETURN eingeben   1
1   gewoehnliche Differenzen 1. Ordnung

Schrittweite (z.B. .1) mit RETURN eingeben .1

Kreisfrequenz   Transferfunktion
----
0   0
.1   .01
.2   .04
.3   9.000001E-02
.4   .16
.5   .24
.6   .35
.7   .47
.8   .61
.9   .76
1   .92
1.1   1.09
1.2   1.28
1.3   1.47
1.4   1.66
1.5   1.86
1.6   2.06
1.7   2.26
1.8   2.45
1.9   2.65
2   2.83
2.1   3.01
2.2   3.18
2.3   3.33
2.4   3.47
2.5   3.6
2.6   3.71
2.7   3.81
2.8   3.88
2.9   3.94
3   3.98
3.1   4

```
Transferfunktion fuer
Differenzenfilter
---------------------

1   gewoehnliche Differenzen 1. Ordnung

2   gewoehnliche Differenzen 2. Ordnung

3   gewoehnliche Differenzen 3. Ordnung

4   saisonale Differenzen 1. Ordnung

5   saisonale Differenzen 2. Ordnung

6   gewoehnliche + saisonale Diff. 1. Ordnung


Gewuenschte Zahl (1 bis 6) mit RETURN eingeben   2
2   gewoehnliche Differenzen 2. Ordnung
-------------------------------------------------

Schrittweite (z.B. .1) mit RETURN eingeben .1


Kreisfrequenz    Transferfunktion
---------------------------------
    0                0
     .1              0
     .2              0
     .3               .01
     .4               .02
     .5               .06
     .6               .12
     .7               .22
     .8               .37
     .9               .57
    1                 .85
    1.1             1.19
    1.2             1.63
    1.3             2.15
    1.4             2.76
    1.5             3.45
    1.6             4.24
    1.7             5.1
    1.8             6.02
    1.9             7
    2               8.020001
    2.1             9.060001
    2.2            10.09
    2.3            11.11
    2.4            12.07
    2.5            12.98
    2.6            13.79
    2.7            14.5
    2.8            15.09
    2.9            15.54
    3              15.84
    3.1            15.99
```

```
Transferfunktion fuer
Differenzenfilter
---------------------

1    gewoehnliche Differenzen 1. Ordnung

2    gewoehnliche Differenzen 2. Ordnung

3    gewoehnliche Differenzen 3. Ordnung

4    saisonale Differenzen 1. Ordnung

5    saisonale Differenzen 2. Ordnung

6    gewoehnliche + saisonale Diff. 1. Ordnung


Gewuenschte Zahl (1 bis 6) mit RETURN eingeben    3
3    gewoehnliche Differenzen 3. Ordnung
-------------------------------------------------

Schrittweite (z.B. .1) mit RETURN eingeben .1


Kreisfrequenz    Transferfunktion
---------------------------------
     0              0
     .1             0
     .2             0
     .3             0
     .4             0
     .5             .01
     .6             .04
     .7             .1
     .8             .22
     .9             .43
    1               .78
    1.1            1.31
    1.2            2.07
    1.3            3.14
    1.4            4.57
    1.5            6.42
    1.6            8.72
    1.7           11.51
    1.8           14.79
    1.9           18.54
    2             22.72
    2.1           27.26
    2.2           32.07
    2.3           37.01
    2.4           41.96
    2.5           46.74
    2.6           51.22
    2.7           55.23
    2.8           58.61
    2.9           61.25
    3             63.04
    3.1           63.92
```

```
Transferfunktion fuer
Differenzenfilter
----------------------
1    gewoehnliche Differenzen 1. Ordnung

2    gewoehnliche Differenzen 2. Ordnung

3    gewoehnliche Differenzen 3. Ordnung

4    saisonale Differenzen 1. Ordnung

5    saisonale Differenzen 2. Ordnung

6    gewoehnliche + saisonale Diff. 1. Ordnung


Gewuenschte Zahl (1 bis 6) mit RETURN eingeben   4
4    saisonale Differenzen 1. Ordnung
-------------------------------------------------

Schrittweite (z.B. .1) mit RETURN eingeben  .1


Monat (m) oder Quartal(q) ?

Buchstaben m oder q druecken!
m

Kreisfrequenz    Transferfunktion
---------------------------------
 0                0
 .1               1.28
 .2               3.47
 .3               3.79
 .4               1.83
 .5                .08
 .6                .78
 .7               3.04
 .8               3.97
 .9               2.39
1                  .31
1.1                .39
1.2               2.52
1.3               3.99
1.4               2.92
1.5                .68
1.6                .12
1.7               1.96
1.8               3.85
1.9               3.38
2                 1.15
2.1               0
2.2               1.4
2.3               3.56
2.4               3.73
2.5               1.69
2.6                .05
2.7                .89
2.8               3.15
2.9               3.94
3                 2.26
3.1                .24
```

```
Transferfunktion fuer
Differenzenfilter
---------------------
1    gewoehnliche Differenzen 1. Ordnung

2    gewoehnliche Differenzen 2. Ordnung

3    gewoehnliche Differenzen 3. Ordnung

4    saisonale Differenzen 1. Ordnung

5    saisonale Differenzen 2. Ordnung

6    gewoehnliche + saisonale Diff. 1. Ordnung


Gewuenschte Zahl (1 bis 6) mit RETURN eingeben    5
5    saisonale Differenzen 2. Ordnung
-----------------------------------------------

Schrittweite (z.B. .1) mit RETURN eingeben .1

Monat (m) oder Quartal(q) ?

Buchstaben m oder q druecken!
m

Kreisfrequenz    Transferfunktion
--------------------------------
    0                0
    .1               1.63
    .2              12.07
    .3              14.39
    .4               3.33
    .5                .01
    .6                .61
    .7               9.229999
    .8              15.76
    .9               5.71
   1                  .1
   1.1                .15
   1.2               6.35
   1.3              15.91
   1.4               8.53
   1.5                .46
   1.6                .01
   1.7               3.84
   1.8              14.81
   1.9              11.43
   2                 1.33
   2.1               0
   2.2               1.97
   2.3              12.69
   2.4              13.91
   2.5               2.86
   2.6               0
   2.7                .8
   2.8               9.93
   2.9              15.54
   3                 5.09
   3.1                .06
```

Transferfunktion fuer
Differenzenfilter
----

1   gewoehnliche Differenzen 1. Ordnung

2   gewoehnliche Differenzen 2. Ordnung

3   gewoehnliche Differenzen 3. Ordnung

4   saisonale Differenzen 1. Ordnung

5   saisonale Differenzen 2. Ordnung

6   gewoehnliche + saisonale Diff. 1. Ordnung

Gewuenschte Zahl (1 bis 6) mit RETURN eingeben   6
6   gewoehnliche + saisonale Diff. 1. Ordnung

Schrittweite (z.B. .1) mit RETURN eingeben .1

Monat (m) oder Quartal(q) ?

Buchstaben m oder q druecken!
m

Kreisfrequenz	Transferfunktion
0	0
.1	.01
.2	.14
.3	.34
.4	.29
.5	.02
.6	.27
.7	1.43
.8	2.41
.9	1.81
1	.29
1.1	.42
1.2	3.21
1.3	5.84
1.4	4.85
1.5	1.26
1.6	.25
1.7	4.42
1.8	9.45
1.9	8.95
2	3.26
2.1	.01
2.2	4.45
2.3	11.87
2.4	12.96
2.5	6.09
2.6	.17
2.7	3.4
2.8	12.24
2.9	15.54
3	8.979999
3.1	.98

IV. Schätzen und Testen

PROGRAMM 28: Schätzung einer linearen Regression

LADEANWEISUNG:
Das Programm wird geladen mit load"a:linreg".

AUFGABE:
Für die lineare Einfachregression sollen die OLS (ordinary least squares)-Schätzungen (Methode der kleinsten Quadrate)

(28.1) $\quad a = \bar{y} - b \cdot \bar{x}$

und

(28.2) $\quad b = \dfrac{\text{cov}(x, y)}{s_x^2}$

berechnet werden und hieraus die Schätzung der endogenen Variablen

(28.3) $\quad \hat{y}_t = a + b \cdot x_t \qquad$ (t = Zeitindex)

für vorgegebene Werte x_t der exogenen Variablen.
Mit den OLS-Residuen $e_t = y_t - \hat{y}_t$ soll die Durbin-Watson-Testgröße

(28.4) $\quad d = \dfrac{\sum\limits_{t=2}^{n} (e_t - e_{t-1})^2}{\sum\limits_{t=1}^{n} e_t^2}$

berechnet werden.
Über ihre Varianzen werden für die Parameterschätzungen a und b die Werte des t-Tests ermittelt. Außerdem wird die Korrelation der Variablen X und Y geschätzt.

LITERATUR:
Leiner, B.: Einführung in die Statistik. 3. Aufl., R. Oldenbourg Verlag. München-Wien 1988, Kapitel 13.

PROGRAMM:

```
100 CLS
110 PRINT"Schaetzung einer linearen Regression"
120 PRINT"---------------------------------"
130 PRINT"(Mit t-Test und Durbin-Watson-Test)"
140 PRINT
150 DEF FN R(X)=INT(X*10000+.5)/10000
160 READ N
170 PRINT N;"Beobachtungspaare"
180 GOSUB 1090
190 CLS
200 PRINT"Beobachtungen"
210 PRINT"-------------"
220 DIM Y(N),X(N),YG(N),RS(N)
230 PRINT
240 PRINT"Werte der endogenen Variablen Y"
250 PRINT"-------------------------------"
260 FOR I=1 TO N
270 READ Y(I)
280 PRINT Y(I);
290 IF INT(I/10)=I/10 THEN PRINT
300 NEXT I
310 GOSUB 1090
320 PRINT
330 PRINT"Werte der exogenen Variablen X"
340 PRINT"------------------------------"
350 FOR I=1 TO N
360 READ X(I)
370 PRINT X(I);
380 IF INT(I/10)=I/10 THEN PRINT
390 NEXT I
400 GOSUB 1090
410 CLS
420 FOR I=1 TO N
430 SX=SX+X(I)
440 SY=SY+Y(I)
450 X2=X2+X(I)*X(I)
460 Y2=Y2+Y(I)*Y(I)
470 XY=XY+X(I)*Y(I)
480 NEXT I
490 VX=X2-SX*SX/N
500 VY=Y2-SY*SY/N
510 CV=XY-SX*SY/N
520 B=CV/VX
530 A=(SY-B*SX)/N
540 PRINT"Steigung b              ="; FN R(B)
550 PRINT
560 R2=CV*CV/(VX*VY)
570 RH=SQR(R2)
580 CV=CV/N
590 VX=VX/N
600 VY=VY/N
```

```
610 FOR I=1 TO N
620 YG(I)=A+B*X(I)
630 RS(I)=Y(I)-YG(I)
640 SRS2=SRS2+RS(I)*RS(I)
650 NEXT I
660 FOR I=2 TO N
670 DR(I)=RS(I)-RS(I-1)
680 SDR2=SDR2+DR(I)*DR(I)
690 NEXT I
700 DW=SRS2/SDR2
710 VB=(SRS2/(N-2))/(N*VX)
720 PRINT"Varianz von b              ="; FN R(VB)
730 SB=SQR(VB)
740 PRINT"Standardabweichung von b =";FN R(SB)
750 TB=B/SB
760 PRINT"t-Wert von b               =";TB
770 PRINT
780 VA=VB*(X2/N)
790 SA=SQR(VA)
800 TA=A/SA
810 PRINT"Ordinatenabschnitt a      ="; FN R(A)
820 PRINT
830 PRINT"Varianz von a             ="; FN R(VA)
840 PRINT"Standardabweichung von a =";  FN R(SA)
850 PRINT"t-Wert von a              =";FN R(TA)
860 PRINT
870 PRINT"Kovarianz cov(x,y)        ="; FN R(CV)
880 PRINT"Varianz v(x)              =";FN R(VX)
890 PRINT"Varianz v(y)              =";FN R(VY)
900 PRINT"Korrelation r(x,y)        ="; FN R(RH)
910 PRINT
920 PRINT"Durbin-Watson-Testgroesse d =";FN R(DW)
930 PRINT
940 PRINT"Werte der Residuen (j/n mit RETURN eingeben)";
950 INPUT R$
960 IF R$="n" THEN END
970 CLS
980 PRINT"Endogene Variable"
990 PRINT
1000 PRINT"Beobachtung Schaetzung    Residuum"
1010 PRINT"--------------------------------"
1020 FOR I=1 TO N
1030 PRINT FN R(Y(I));
1040 PRINT TAB(12) FN R(YG(I));
1050 PRINT TAB(25) FN R(RS(I))
1060 IF I/15=INT(I/15) THEN GOSUB 1090
1070 NEXT I
1080 END
1090 REM Unterprogramm Leertaste
1100 PRINT:PRINT
1110 PRINT"Leertaste druecken!"
1120 L$=INKEY$:IF L$<>" " THEN 1120
1130 RETURN
1140 REM Anzahl der Beobachtungspaare
1150 DATA 8
1160 REM Werte der endogenen Variablen
1170 DATA 108, 123, 132, 148, 162, 160, 170, 189
1180 REM Werte der exogenen Variablen
1190 DATA 8.1, 9, 9.9, 11, 12.3, 12.8, 13.2, 14.1
```

PROGRAMMBESCHREIBUNG:

(100)	Bildschirm wird gelöscht.
(110-130)	Überschrift.
(150)	Rundungsfunktion (siehe PROGRAMM 2).
(160-170)	Die Anzahl der Beobachtungspaare (x_t, y_t) wird von der ersten DATA-Anweisung (1150) gelesen und zur Kontrolle ausgegeben.
(180)	Aufruf des Unterprogramms Leertaste.
(190)	Bildschirm wird gelöscht.
(220)	Mit der DIM-Anweisung werden für die Variablen Y, X, YG und RS Speicher für die Feldvariablen (Vektoren) reserviert.
(240-390)	Einlesen und Ausgabe der Beobachtungen.
(400)	Aufruf des Unterprogramms Leertaste.
(410)	Bildschirm wird gelöscht.
(420-600)	Berechnungen (Arbeitstabelle Regression).
(610-650)	Schätzung der endogenen Variablen, Residuen, Nenner von Formel (28.4).
(660-690)	Zähler von Formel (28.4).
(700-850)	Durbin-Watson-Testgröße, Varianz, Standardabweichung und t-Wert von b und a werden berechnet und ausgegeben.
(870-920)	Ausgabe der restlichen Beurteilungsgrößen.
(940-950)	Der Benutzer kann entscheiden, ob die Residuen ausgegeben werden.
(980-1070)	Ausgabe der Residuen.
(1080)	Programmende.
(1090-1130)	Unterprogramm Leertaste.
(1150)	DATA-Anweisung für die Anzahl der Beobachtungspaare.
(1170)	Werte der endogenen Variablen, durch Komma getrennt.
(1190)	Werte der exogenen Variablen, durch Komma getrennt.

PROGRAMMBEISPIEL:

Start:
Eingabe von RUN und Drücken der RETURN-Taste.

Verwendet wurde das Beispiel aus Leiner (1988), S. 54:

In einem Unternehmen standen in den Jahren von 1970 bis 1977 dem Umsatz y_t folgende Ausgaben für die Werbung x_t gegenüber (alle Angaben in Millionen DM):

Jahr	1970	1971	1972	1973	1974	1975	1976	1977
y_t	108	123	132	148	162	160	170	189
x_t	8,1	9,0	9,9	11,0	12,3	12,8	13,2	14,1

Als Schätzung der endogenen Variablen erhält man

$$\hat{y}_t \cong 10,2 + 12,3 \cdot x_t .$$

Der t-Wert von b ist mit rd. 16,5 sehr hoch, dafür liegt der t-Wert von a unter dem Schwellenwert der t-Verteilung bei 5% Irrtumswahrscheinlichkeit. Die Korrelation ist mit 0,989 außerordentlich stark. Die Durbin-Watson-Testgröße widerspricht mit einem Wert von 0,5819 nicht der Nullhypothese, daß keine positive Autokorrelation vorliegt (Irrtumswahrscheinlichkeit 5%).

Variationen:
Im Vergleich zu ähnlichen Programmen ist dieses schon recht umfangreich. Gleichwohl können noch weitere Beurteilungsgrößen (z.B. Variationskoeffizient, Korrelationstest) ohne großen Aufwand in das Programm eingebaut werden. Auch der Einbau eines Streudiagramms mit der Regressionsgeraden ist eine interessante Aufgabe für geschickte Programmierer, die sich aller Feinheiten ihres Geräts bedienen wollen.

AUSDRUCK DES PROGRAMMBEISPIELS:

```
Schaetzung einer linearen Regression
------------------------------------
(Mit t-Test und Durbin-Watson-Test)

 8 Beobachtungspaare

Beobachtungen
-------------

Werte der endogenen Variablen Y
-------------------------------
 108  123  132  148  162  160  170  189

Werte der exogenen Variablen X
------------------------------
 8.100001  9  9.899999  11  12.3  12.8  13.2  14.1
```

```
Steigung b                    = 12.2831

Varianz von b                 = .5562
Standardabweichung von b      = .7458
t-Wert von b                  = 16.46949

Ordinatenabschnitt a          = 10.2007

Varianz von a                 = 73.2699
Standardabweichung von a      = 8.5598
t-Wert von a                  = 1.1917

Kovarianz cov(x,y)            = 49.5627
Varianz v(x)                  = 4.035
Varianz v(y)                  = 622.25
Korrelation r(x,y)            = .9891

Durbin-Watson-Testgroesse d = .5819

Werte der Residuen (j/n mit RETURN eingeben)j
Endogene Variable

Beobachtung  Schaetzung   Residuum
-----------------------------------
   108        109.694      -1.694
   123        120.7488      2.2512
   132        131.8036       .1964
   148        145.3151      2.6849
   162        161.2831       .7169
   160        167.4247     -7.4247
   170        172.338      -2.338
   189        183.3928      5.6072
```

PROGRAMM 29: t-Test für die Abweichung zweier Mittelwerte

LADEANWEISUNG:

Das Programm wird geladen mit load"a:ttzwstpm".

AUFGABE:

Es soll geprüft werden, ob der Unterschied der Mittelwerte zweier Stichproben signifikant ist. Die Prüfgröße

$$(29.1) \qquad t_p = \frac{\bar{x}_1 - \bar{x}_2}{\tilde{s} \cdot \sqrt{\frac{n_1 + n_2}{n_1 \cdot n_2}}}$$

ist t-verteilt mit $n_1 + n_2 - 2$ Freiheitsgraden. Hierbei sind $\bar{x}_1$ und $\bar{x}_2$ die beiden Stichprobenmittel und $\tilde{s}^2$ die Schätzung der unbekannten Varianz, die über

(29.2) $\quad \tilde{s}^2 = \dfrac{1}{n_1+n_2-2} \cdot [(n_1-1) \cdot \tilde{s}_1^2 + (n_2-1) \cdot \tilde{s}_2^2]$

aus den modifizierten Stichprobenvarianzen $\tilde{s}_1^2$ und $\tilde{s}_2^2$ der beiden Stichproben berechnet wird.

LITERATUR:

Leiner, B.: Einführung in die Statistik. 3. Aufl., R. Oldenbourg Verlag. München-Wien 1988, Abschnitt 15.5.

Linder, A.: Statistische Methoden. 3. Aufl., Birkhäuser Verlag. Basel-Stuttgart 1964, S. 93-94.

PROGRAMM:

```
100 CLS
110 PRINT"t-Test Abweichung zweier Stichprobenmittel"
120 PRINT"-----------------------------------------"
130 DEF FN R(X)=INT(X*1000+.5)/1000
140 READ N1
150 PRINT"Anzahl der Beobachtungen der 1. Stichprobe =";N1
160 READ N2
170 PRINT"Anzahl der Beobachtungen der 2. Stichprobe =";N2
180 DIM X(N1),Y(N2)
190 PRINT
200 PRINT"Beobachtungen der 1. Stichprobe"
210 PRINT"-----------------------------"
220 FOR I=1 TO N1
230 READ X(I)
240 PRINT X(I);
250 S1=S1+X(I)
260 S2=S2+X(I)*X(I)
270 NEXT I
280 PRINT
290 PRINT"Beobachtungen der 2. Stichprobe"
300 PRINT"-----------------------------"
310 FOR I=1 TO N2
320 READ Y(I)
330 PRINT Y(I);
340 T1=T1+Y(I)
350 T2=T2+Y(I)*Y(I)
360 NEXT I
370 XQ=S1/N1
380 YQ=T1/N2
390 GOSUB 670
400 PRINT
```

```
410 PRINT TAB(15)"¦";TAB(17) "1. Stichprobe    2. Stichprobe"
420 PRINT"------------------------------------------------------"
430 PRINT"Mittelwert";TAB(15)"¦";TAB(20) FN R(XQ); TAB(35) FN R(YQ)
440 VX=(S2-XQ*XQ*N1)/(N1-1)
450 VY=(T2-YQ*YQ*N2)/(N2-1)
460   PRINT TAB(15)"¦"
470 PRINT"Bereinigte";TAB(15)"¦"
480 PRINT"Stichproben-";TAB(15)"¦"
490 PRINT"Varianz";TAB(15)"¦";TAB(20) FN R(VX);TAB(35) FN R(VY)
500 SX=SQR(VX)
510 SY=SQR(VY)
520 PRINT TAB(15)"¦"
530 PRINT"Standard-";TAB(15)"¦"
540 PRINT"abweichung";TAB(15)"¦";TAB(20) FN R(SX);TAB(35) FN R(SY)
550 PRINT"------------------------------------------------------"
560 VG=(VX*(N1-1)+VY*(N2-1))/(N1+N2-2)
570 PRINT:PRINT:PRINT
580 PRINT"Gesamt-Varianz       =";FN R(VG)
590 SG=SQR(VG)
600 PRINT
610 PRINT"Gesamt-Std.Abweichung ="; FN R(SG)
620 T=((XQ-YQ)/SG)*SQR(N1*N2/(N1+N2))
630 T=ABS(T)
640 PRINT:PRINT
650 PRINT"Berechneter t-Wert    =";FN R(T)
660 END
670 REM Unterprogramm Leertaste
680 PRINT:PRINT:PRINT
690 PRINT"Leertaste druecken!"
700 L$=INKEY$:IF L$<>" " THEN 700
710 CLS
720 RETURN
730 REM Anzahl der Beobachtungen der 1. Stichprobe
740 DATA 11
750 REM Anzahl der Beobachtungen der 2. Stichprobe
760 DATA 13
770 REM Beobachtungen der 1. Stichprobe
780 DATA 18, 14.5, 13.5, 12.5, 23, 24, 21, 17, 18.5, 9.5, 14
790 REM Beobachtungen der 2. Stichprobe
800 DATA 27, 34, 20.5, 29.5, 20, 28, 20, 26.5, 22, 24.5, 34, 35.5, 19
```

PROGRAMMBESCHREIBUNG:

(100)   Bildschirm wird gelöscht.

(110-120) Überschrift.

(130)   Rundungsfunktion (siehe PROGRAMM 2).

(140-150) Die Anzahl der Beobachtungen der 1. Stichprobe wird von der ersten DATA-Anweisung (740) gelesen und zur Kontrolle ausgegeben.

(160-170) Die Anzahl der Beobachtungen der 2. Stichprobe wird von der zweiten DATA-Anweisung (760) gelesen und zur Kontrolle ausgegeben.

(180)   Mit der DIM-Anweisung werden für die Beobachtungen Speicher für die Feldvariablen reserviert.

(200-270) Die Beobachtungen der 1. Stichprobe werden gelesen, zur Kontrolle ausgegeben, es werden die Summen und die Summe der Quadrate gebildet.
(290-360) Entsprechendes Vorgehen für die Beobachtungen der 2. Stichprobe.
(370-380) Berechnung der Mittelwerte.
(390)   Aufruf des Unterprogramms Leertaste.
(410-550) Berechnung und Ausgabe der Maßzahlen der beiden Stichproben.
(560-610) Berechnung und Ausgabe der Gesamt-Varianz und der Gesamt-Standardabweichung.
(620-650) Berechnung und Ausgabe der Prüfgröße (t-Wert).
(660)   Programmende.
(670-720) Unterprogramm Leertaste.
(740)   DATA-Anweisung für die Anzahl der Beobachtungen der 1. Stichprobe.
(760)   DATA-Anweisung für die Anzahl der Beobachtungen der 2. Stichprobe.
(780)   Beobachtungen der 1. Stichprobe, durch Komma getrennt.
(800)   Beobachtungen der 2. Stichprobe, durch Komma getrennt.

PROGRAMMBEISPIEL:

Start:
Eingabe von RUN und Drücken der RETURN-Taste.

Im betrachteten Beispiel (aus Linder (1964), S. 93) errechnet sich aus den 11 Werten der 1. Stichprobe ein Mittelwert von 16,864, während sich aus den 13 Werten der 2. Stichprobe ein Mittelwert von 26,192 ergibt. Mit einer Irrtumswahrscheinlichkeit von 1% liegt der berechnete t-Wert von 4,314 jenseits des Schwellenwerts der t-Verteilung (bei 22 Freiheitsgraden), so daß der Unterschied der Mittelwerte signifikant ist.

Variationen:
Durch den Einbau eines Programms der t-Verteilung könnte man direkt die exakte Irrtumswahrscheinlichkeit beziffern, um sich ein Nachschlagen in den Tabellen der t-Verteilung zu ersparen. Hierzu ist allerdings einige Programmiererfahrung notwendig.

AUSDRUCK DES PROGRAMMBEISPIELS:

```
t-Test Abweichung zweier Stichprobenmittel
------------------------------------------
Anzahl der Beobachtungen der 1. Stichprobe = 11
Anzahl der Beobachtungen der 2. Stichprobe = 13

Beobachtungen der 1. Stichprobe
-------------------------------
 18  14.5  13.5  12.5  23  24  21  17  18.5  9.5  14
Beobachtungen der 2. Stichprobe
-------------------------------
 27  34  20.5  29.5  20  28  20  26.5  22  24.5  34  35.5  19

                  ¦  1. Stichprobe    2. Stichprobe
------------------------------------------------------
Mittelwert        ¦     16.864           26.192

Bereinigte        ¦
Stichproben-      ¦
Varianz           ¦     20.805           33.731

Standard-         ¦
abweichung        ¦      4.561            5.808
------------------------------------------------------


Gesamt-Varianz         = 27.855

Gesamt-Std.Abweichung  =  5.278


Berechneter t-Wert     =  4.314
```

PROGRAMM 30: Varianztest

LADEANWEISUNG:
Das Programm wird geladen mit load"a:vartest".

AUFGABE:
Es soll geprüft werden, ob eine Varianzschätzung aufgrund einer Stichprobe dem Wert der Nullhypothese widerspricht. Die Prüfgröße

(30.1) $\chi_p^2 = \dfrac{(n-1) \cdot \tilde{s}^2}{\sigma^2}$

ist χ^2-verteilt mit n-1 Freiheitsgraden.

LITERATUR:

Leiner, B.: Einführung in die Statistik. 3. Aufl., R. Oldenbourg Verlag. München-Wien 1988, Abschnitt 15.6.

PROGRAMM:

```
100 CLS
110 PRINT"Varianztest"
120 PRINT"-----------"
130 READ N
140 PRINT"Anzahl der Beobachtungen =";N
150 PRINT
160 DIM X(N)
170 PRINT"Beobachtungen"
180 PRINT"-------------"
190 FOR I=1 TO N
200 READ X(I)
210 PRINT X(I);
220 IF INT(I/10)=I/10 THEN PRINT
230 NEXT I
240 FOR I=1 TO N
250 S=S+X(I)
260 T=T+X(I)*X(I)
270 NEXT I
280 MW=S/N
290 PRINT:PRINT
300 PRINT"Mittelwert =";MW
310 VA=(T-S*S/N)/N
320 VM=VA*N/(N-1)
330 PRINT
340 PRINT"Stichprobenvarianz =";VA
350 PRINT
360 PRINT"Modifizierte Stichprobenvarianz =";VM
370 PRINT
380 INPUT"Varianz-Hypothese ";VH
390 TG=(N-1)*VM/VH
400 PRINT
410 PRINT"Chi-Quadrat-Testgroesse =";TG
420 END
430 REM Anzahl der Beobachtungen
440 DATA 11
450 REM Beobachtungen
460 DATA 252, 247, 248, 251, 254, 247
470 DATA 249, 252, 250, 247, 253
```

PROGRAMMBESCHREIBUNG:
- (100)   Bildschirm wird gelöscht.
- (110-120) Überschrift.
- (130-140) Die Anzahl der Beobachtungen wird von der ersten DATA-Anweisung (440) gelesen und zur Kontrolle ausgegeben.
- (160)   Mit der DIM-Anweisung werden für die Beobachtungen Speicher für die Feldvariablen (Vektor) reserviert.
- (170-230) Die Beobachtungen werden von den DATA-Anweisungen (460-470) gelesen und zur Kontrolle ausgegeben.
- (240-270) Bildung der Summe der Beobachtungen bzw. der Summe der Quadrate der Beobachtungen.
- (280-300) Berechnung und Ausgabe des Mittelwerts.
- (310-360) Berechnung und Ausgabe der Stichprobenvarianz und der modifizierten Stichprobenvarianz.
- (380)   Der Benutzer gibt die Varianz-Hypothese numerisch über die Tastatur ein mit nachfolgendem Drücken der RETURN-Taste.
- (390-410) Berechnung und Ausgabe der χ^2-Testgröße.
- (420)   Programmende.
- (440)   DATA-Anweisung für die Anzahl der Beobachtungen.
- (460-470) Beobachtungen, durch Komma getrennt.

PROGRAMMBEISPIEL:

Start:
Eingabe von RUN und Drücken der RETURN-Taste.

Im betrachteten Beispiel (aus Leiner(1988), S. 233) errechnet sich ein Wert der Prüfgröße von 16,5. Der Schwellenwert der χ^2-Tabelle (bei 10 Freiheitsgraden und 5% Irrtumswahrscheinlichkeit) von 18,3 ist noch nicht überschritten, so daß die modifizierte Stichprobenvarianz mit der Varianz-Hypothese verträglich ist, d.h. die Nullhypothese ist durch die Stichprobe nicht widerlegt.

Variationen:
Auch hier bietet sich bei entsprechender Programmiererfahrung der Einbau eines χ^2-Programms an, das das Nachschlagen in Tabellen überflüssig macht. Dieses kleine Programm mag zudem als Anregung zur Erstellung eigener Testprogramme dienen.

AUSDRUCK DES PROGRAMMBEISPIELS:

Varianztest

Anzahl der Beobachtungen = 11

Beobachtungen
----
 252 247 248 251 254 247 249 252 250 247
 253

Mittelwert = 250

Stichprobenvarianz = 6

Modifizierte Stichprobenvarianz = 6.6

Varianz-Hypothese ? 4

Chi-Quadrat-Testgroesse = 16.5

Literaturverzeichnis

Abramowitz, M. und I. A. Stegun: Handbook of Mathematical Functions. Dover Publications. New York 1968.

Floegel, E.: Statistik in BASIC. Verlag Hofacker. Holzkirchen 1984.

Herrmann, D.: Mathematik-Programme in BASIC. Verlag Deubner. Köln 1984.

Herrmann, D.: Wahrscheinlichkeitsrechnung und Statistik. Verlag Vieweg. Braunschweig 1984.

Leiner, B.: Stichprobentheorie. R. Oldenbourg Verlag. München-Wien 1985.

Leiner, B.: Einführung in die Zeitreihenanalyse. R. Oldenbourg Verlag. München-Wien 1986.

Leiner, B.: Einführung in die Statistik. 3. Aufl., R. Oldenbourg Verlag. München-Wien 1988.

Linder, A.: Statistische Methoden. 3. Aufl., Birkhäuser Verlag. Basel-Stuttgart 1964.

Menges, G.: Grundriß der Statistik. Teil 1: Theorie. Westdeutscher Verlag. Köln-Opladen 1972.

Voß, W.: Das Statistikbuch zum Commodore 64. Verlag Data Becker. Düsseldorf 1985.

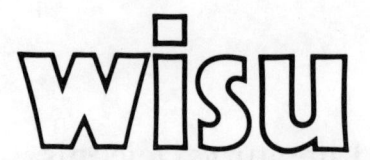

wisu
Die Zeitschrift für den Wirtschaftsstudenten

Die Ausbildungszeitschrift, die Sie während Ihres ganzen Studiums begleitet · Speziell für Sie als Student der BWL und VWL geschrieben · Studienbeiträge aus der BWL und VWL · Original-Examensklausuren · Fallstudien · WISU-Repetitorium · WISU-Studienblatt · WISU-Kompakt · WISU-Magazin mit Beiträgen zu aktuellen wirtschaftlichen Themen, zu Berufs- und Ausbildungsfragen.

Erscheint monatlich · Bezugspreis für Studenten halbjährlich DM 52,80 zzgl. Versandkosten · Kostenlose Probehefte erhalten Sie in jeder Buchhandlung oder direkt beim Lange Verlag, Poststraße 12, 4000 Düsseldorf 1.

Lange Verlag · Werner Verlag